Oberfranken im Klimawandel

Oberfranken im Klimawandel

Thomas Foken · Johannes Lüers

Oberfranken im Klimawandel

Thomas Foken
Universität Bayreuth, Bayreuther Zentrum
für Ökologie und Umweltforschung
(BayCEER)
Bayreuth, Deutschland

Johannes Lüers
Bund Naturschutz in Bayern
e.V. Kreisgruppe Bayreuth
Universität Bayreuth, Bayreuther Zentrum für
Ökologie und Umweltforschung (BayCEER)
Bayreuth, Deutschland

ISBN 978-3-662-71650-2   ISBN 978-3-662-71651-9 (eBook)
https://doi.org/10.1007/978-3-662-71651-9

Die Deutsche Nationalbibliothek verzeichnet diese Publikation in der Deutschen Nationalbibliografie; detaillierte bibliografische Daten sind im Internet über https://portal.dnb.de abrufbar.

Einbandabbildung: Großer Waldstein im Fichtelgebirge mit der „Schüssel". © Thomas Foken.

Planung/Lektorat: Simon Shah-Rohlfs
Springer ist ein Imprint der eingetragenen Gesellschaft Springer-Verlag GmbH, DE und ist ein Teil von Springer Nature.
Die Anschrift der Gesellschaft ist: Heidelberger Platz 3, 14197 Berlin, Germany

Wenn Sie dieses Produkt entsorgen, geben Sie das Papier bitte zum Recycling.

Danksagung

Für die Bearbeitung der Daten dieses Buches waren vielfältige Kontakte zu Personen und Institutionen notwendig, denen hiermit für die Unterstützung gedankt wird. Besonderer Dank gilt dem Deutschen Wetterdienst und dem Bayerischen Landesamt für Umwelt für die Bereitstellung von Daten. Des Weiteren danken wir allen, die das Buch mit Bildmaterial unterstützt haben beziehungsweise Daten speziell für das Buch aufbereitet haben.

Competing Interests Die Autor*innen haben keine für den Inhalt dieses Manuskripts relevanten Interessenkonflikte.

Einleitung

Klimawandel ist heute in aller Munde und beherrscht zunehmend die Medien und auch unser Leben. Das Spektrum der Berichte ist groß und reicht von Zukunftsangst bis zur Leugnung der Existenz des Klimawandels. Dabei beruht er auf physikalischen Gesetzen, die seit über 100 teils seit 200 Jahren bekannt sind und zu unserer täglichen Lebenserfahrung gehören. Wir alle wissen, dass Wasser bei 100 °C kocht, aber auf der fast 3000 m hohen Zugspitze bereits bei 90 °C. Mit einem Ofen oder Heizkörper kann ein Zimmer beheizt werden. Wenn der Ofen dann noch einige Grade wärmer ist als die Lufttemperatur, empfinden wir es besonders angenehm. Bringt man diese und andere Gesetze aber mit dem durch den Menschen verursachten Klimawandel in Verbindung, zweifeln einige unter uns die Existenz der physikalischen Zusammenhänge und Naturgesetze an. Die Diskussion über den Klimawandel wird sogar als Ideologie, Lüge oder als Verschwörung und Machwerk einer Klima-Lobby verurteilt [1].

Während grobe Abschätzungen des anthropogenen Klimawandels schon vor mehr als 100 Jahren relativ genau erfolgten [2], ist die heutige Klimaforschung durch die korrekte Erklärung der physikalischen, chemischen und biologischen Prozesse in der Atmosphäre in Verbindung mit denen in der Hydrosphäre (Gewässer, Grundwasser, Ozeane), Kryosphäre (Schnee und Eis), Pedosphäre (Boden) und Biosphäre in der Lage, die regionalen Unterschiede der Erderwärmung und die damit verbundenen Auswirkungen sehr präzise zu messen und zu modellieren. Für die Stellung der Weichen jedoch ist das Verhalten der Menschen, die sozio-ökonomischen Annahmen über die Entwicklung der Konzentrationen der Treibhausgase, entscheidend.

Es sind ersichtlich noch einige Fragen offen und Gegenstand von wissenschaftlicher Forschung, um das Ausmaß der Erderwärmung für die nächsten 30 bis 50 Jahre noch präziser bestimmen zu können. Beispielsweise die Frage, ob sich die atlantische Umwälzzirkulation (Golfstrom, Nordatlantikstrom, Tiefenwasserströme auf der Nordhalbkugel) als global bedeutende Wärmepumpe geografisch verlagert, abschwächt oder noch Ende dieses Jahrhunderts oder erst im folgenden Jahrhundert zum Erliegen kommt [3]. Welche Auswirkungen diese veränderte Energieverteilung im Atlantik an den Ostküsten beider Amerikas und Westküsten Europas und Afrikas oder gar für den ganzen Planeten in Bezug zum Klima verursachen werden, ist noch in der Diskussion.

Unterschiedliche Auffassungen gibt es auch in der politischen Diskussion hinsichtlich des Klimawandels. Soll durch Reduktion der Treibhausgasemissionen das Klima nach 2050 stabilisiert und die Erwärmung langfristig gestoppt werden, wie es das Pariser Klimaabkommen vorsieht, oder soll die Erzeugung nutzbarer Energie (Strom, Wärme, Treibstoffe) durch irreversible Verbrennung fossiler und rezenter Rohstoffe (Biomasse, Abfälle) uneingeschränkt beibehalten und das Problem auf zukünftige Generationen abgewälzt und ein ungebremster Klimawandel zulassen werden? Wir stehen vor der einfachen Entscheidung, ob wir durch Klimaschutz (Beseitigung der Ursachen) oder durch eine Anpassung unseres Verhaltens an die bereits unvermeidlichen Wirkungen des Klimawandels die Folgen wie extreme Hitze, Flutkatastrophen, Meeresspiegelanstieg oder Artensterben abmildern möchten oder all dies mit katastrophalen Nachteilen geschehen lassen. Die Wege, den menschlichen Einfluss auf das Erdklima und die Vielseitigkeit des Lebens auf ein nachhaltiges Maß zu mindern, sind bekannt und eindeutig und die Prioritätensetzung liegt allein in unserer Hand. Die Bürgerinnen und Bürger in einem demokratischen Staat haben die freie Möglichkeit, durch eine entsprechende politische Entscheidung den Weg mitzubestimmen. Angesichts der bereits eingetretenen Änderung des Erdklimas und der noch eintretenden Wirkungen der bereits erfolgen Ursachen auf längerer Sicht, stellt sich die Frage, warum der Widerstand der Klimakatastrophe entgegenzuwirken so groß ist oder sogar bewusst aufgebaut wird.

Im Jahr 2015 wurde von der UN mit dem Pariser Klimaabkommen das 1,5-°C-Ziel als anstrebenswert allseits propagiert. Als seit Mitte 2023 und das ganze Jahr 2024 bei fast allen Monaten die Differenzen der globalen Mitteltemperatur zur vorindustriellen Temperatur über 1,5 °C lagen, wurde dies von der Allgemeinheit kaum beachtet. Dies ist wohl nur zu verstehen, wenn wir die menschliche Psychologie berücksichtigen. Während es für die Älteren unter uns völlig normal war, dass im Fichtelgebirge von Ende November bis März eine Schneedecke lag und selbst in Bayreuth und Bamberg überall Schlittenfahren möglich war, sind wir heute froh, wenn im Fichtelgebirge wenigstens im Winterhalbjahr drei oder vier Wochen am Stück eine geschlossene Schneedecke vorhanden ist und in Bayreuth und Bamberg die Kinder mit Glück zumindest einmal im Winter einen Schneemann bauen können. Wir haben uns an die schleichende Veränderung gewöhnt und nehmen das als normal wahr. Wintertemperaturen unter − 5 °C sind für uns heuer schrecklich kalt, ebenso wie ein Tag im Sommer unter 25 °C. Diese Wahrnehmungsverzerrung ist eine uralte Schutzfunktion unseres Gehirns, um auch mit unangenehmen Bedingungen zurechtzukommen [4]. Für das Begreifen des Klimawandels ist dies jedoch wenig hilfreich. Die wichtigsten Prozesse im planetaren System zwischen Atmosphäre und Biosphäre (und allen anderen Erdsphären) sind träge, sie haben eine Langzeitwirkung über Jahrzehnte, Jahrhunderte oder Jahrtausende hinweg, das heißt, zwischen Ursache und der unvermeidlichen, unaufhaltbaren Wirkung kann kurze Zeit (plötzliches Gewitter) oder Jahrzehnte (Klimawandel) vergehen. Im Ersten Fall reagieren wir sofort und oft aus Erfahrung richtig. Letzteres jedoch liegt weit weg (Zeit, Ort), es besteht scheinbar kein Grund zur unmittelbaren Gefahrenabwehr. Erfreulicherweise besitzen wir aber auch Verstand und Wissen, um zu erkennen, vorauszuschauen, zu planen und für die Zukunft zu handeln.

Das vorliegende Buch will versuchen, anhand vorhandener Messdaten den bereits eingetretenen Klimawandel zu dokumentieren. Da alle Daten frei zugänglich sind, kann jeder diese Angaben selbst überprüfen. Das Buch stellt weiterhin basierend auf Grundlage vorhandener Trends und Ergebnissen aus der Klimamodellierung gesicherte Angaben bereit, wie sich das Klima Oberfrankens bis zur Mitte des Jahrhunderts entwickeln wird. Dies ist für eine persönliche Entscheidung ebenso wichtig wie für politische und wirtschaftliche Weichenstellungen.

Anmerkungen

Der Inhalt des Buches ist stark an das Buch „Bamberg im Klimawandel" angelehnt [5, 6] und einige Textpassagen wurden unverändert übernommen, da die Rechte an dem Buch beim Autor liegen.

Das internationale Einheitensystem „SI" findet im gesamten Buch Anwendung [7]. Damit wird nicht nur die Temperatur, sondern auch die Temperaturdifferenz in °C angegeben. Die angegebenen Höhen über Normalhöhennull (NHN) entsprechen dem seit 2016 gültigen Haupthöhennetz in Deutschland [8], weitgehend identisch mit der früheren Bezeichnung der Höhen über dem Meeresspiegel.

Literatur

1. Bojanowski A (2024) Was Sie schon immer übers Klima wissen wollten, aber bisher nicht zu fragen wagten. Westend Verlag, Neu-Isenburg
2. Arrhenius S (1896) On the influence of carbonic acid in the air upon the temperature of the ground. Philos Mag J Sci, Series 5 41:237–276
3. IPCC (2021) Climate Change 2021. The Physical Science Basis. Contribution of Working Group I to the Sixth Assessment Report of the Intergovernmental Panel on Climate Change. Cambridge University Press, Cambridge. https://doi.org/10.1017/9781009157896
4. van Bronswijk K (2022) Klima im Kopf. oekom, München
5. Foken T (2021) Bamberg im Klimawandel. E. Weiß Verlag, Bamberg. https://doi.org/10.15495/EPub_UBT_00007908
6. Foken T (2025) Bamberg im Klimawandel, 2. Aufl. Books on Demand GmbH, Norderstedt
7. SI (2019) Le Système international d'unités (The international system of units), 9. Aufl. Bureau International des Poids et Mesures, Sèvres
8. AdV (2018) DHHN2016, Die Erneuerung des Deutschen Haupthöhennetzes und der einheitliche integrierte geodätische Raumbezug 2016 Arbeitsgemeinschaft der Vermessungsverwaltungen der Länder der Bundesrepublik Deutschland, Potsdam

Inhaltsverzeichnis

1 Klima und Klimawandel 1
  1.1 Der Klimabegriff 1
  1.2 Die Entstehung und Entwicklung des Klimas 5
  1.3 Der gegenwärtige Klimawandel 11
  1.4 Empirisches und Theoretisches Klima 19
  Literatur 21

2 Lokales Klima 25
  2.1 Wie empfinden wir das Wetter und Klima 25
  2.2 Maßzahlen für das Wetter- und Klimaempfinden 28
  2.3 Spezielle lokale Klimate 29
  Literatur 45

3 Oberfranken 47
  3.1 Steigerwald mit Vorland 49
  3.2 Bamberger Main- und Regnitztal 49
  3.3 Coburger Land (Itz-Baunach-Hügelland) 50
  3.4 Nördliche Frankenalb (Fränkischer Jura) 51

3.5   Oberes Maintal, Bayreuther-Kulmbacher Senke,
      Obermainisches Hügelland   52
3.6   Frankenwald mit Kronacher Vorland und Münchberger
      Land und Bayrisches Vogtland einschließlich Hof   53
3.7   Fichtelgebirge   54
Literatur   55

4   Wetterbeobachtungen in Oberfranken   57
4.1   Meteorologische Messgeräte und Messungen   57
4.2   Wetterbeobachtungen in Oberfranken   61
4.3   Homogenisierung von Messdaten   65
Literatur   67

5   Das Klima in Oberfranken   69
5.1   Phänologische Klimaanalyse   70
5.2   Empirisches Klima von Oberfranken   71
5.3   Klima in den oberfränkischen Naturräumen   77
5.4   Stadtklima in Bamberg und Bayreuth   82
Literatur   94

6   Klimawandel in Oberfranken   97
6.1   Mittelwerte der Lufttemperatur   98
6.2   Extremwerte der Lufttemperatur im Sommer   105
6.3   Extremwerte der Lufttemperatur im Winter   110
6.4   Niederschlag und Verdunstung   115
6.5   Extreme Niederschläge und Hochwasser   126
6.6   Höhe der Schneedecke   135
6.7   Sturm   143
6.8   Sonnenscheindauer   145
6.9   Phänologie   145
Literatur   149

7   Was erwartet uns noch durch den Klimawandel?   155
7.1   Grundlagen der Klimamodellierung   156
7.2   Entwicklung in Oberfranken   160
7.3   Was jeder tun kann   168
Literatur   173

Anhang   177

Glossar   185

Stichwortverzeichnis   187

Über die Autoren

Thomas Foken ist Professor im Ruhestand für Mikrometeorologie an der Universität Bayreuth. Er promovierte 1978 in Meteorologie an der Universität Leipzig und 1990 an der Humboldt-Universität zu Berlin. Er war Abteilungsleiter an den Meteorologischen Observatorien in Potsdam (1981–1994) und Lindenberg (1994–1997) des Meteorologischen Dienstes der DDR und des Deutschen Wetterdienstes (DWD). 1997 erfolgte die Berufung zum Professor für Mikrometeorologie an der Universität Bayreuth. Seine Forschungsinteressen umfassen die Wechselwirkung zwischen der Erdoberfläche und der Atmosphäre sowie die Messung und Modellierung von Energie- und Stoffflüssen, mit einem starken Fokus auf experimentelle Meteorologie. Seit mehr als 25 Jahren sind auch Klima und Klimawandel in Oberfranken ein wissenschaftlicher Schwerpunkt mit Publikationen und Vorträgen. Seine wissenschaftlichen Beiträge wurden durch verschiedene internationale Auszeichnungen gewürdigt.

Johannes Lüers ist promovierter und habilitierter Geowissenschaftler mit Lehrbefugnis assoziiert mit der Geoökologie und Mikrometeorologie an der Universität Bayreuth und derzeit tätig als Geschäftsführer beim Bund Naturschutz in Bayern e. V. in Bayreuth. Der Doktortitel wurde 2003 an der Universität Trier im Fach Agrarmeteorologie erworben. Zwischen 2003 und 2020 war er mit Forschung und Lehre an der Universität Bayreuth beschäftigt, mit erfolgreicher Habilitation 2014 und mit Berufung zum Universitätsprofessor für eine zweijährige Vertretung des Lehrstuhls für Klimatologie in Bayreuth. Ab 2021 wechselte er hauptberuflich zum Bund Naturschutz in Bayern. Seine Lehr- und Forschungsarbeiten befassen sich mit den Auswirkungen des Klimawandels auf die Atmosphäre, die Ökosysteme und den Menschen. Er forschte in Europa, den Subtropen und in der Arktis. Er ist als Autor und Gutachter im Umweltrecht, der Raum- und Bauleitplanung, für Erneuerbare Energien und Energiewende und für angewandten Natur-, Landschafts- und Artenschutz und seit über 30 Jahren als Fachreferent für Schulen, Bürger, Behörden und Politik anerkannt.

1

Klima und Klimawandel

Den Ausführungen zum Klima und Klimawandel in Oberfranken werden einige einführende Kapitel vorangestellt, die es dem Leser erleichtern sollen, sich mit der Landschaft und den durch sie modifizierten klimatologischen Verhältnissen vertraut zu machen und selbst ein Gefühl zu entwickeln, wie Witterung und Klima in der persönlichen Umgebung wirken.

1.1 Der Klimabegriff

Als *Alexander von Humboldt* (1769–1859) von 1799 bis 1804 die Kanaren und Südamerika bereiste, stellte er fest, dass in bestimmten Höhen über dem Meeresspiegel immer wieder ähnliche Pflanzengesellschaften anzutreffen waren und die Temperatur mit zunehmender Höhe überall kontinuierlich abnahm. Diese Temperaturabnahme beträgt, wie wir heute wissen, im Mittel etwa 0,6 °C pro 100 m Höhenzunahme. Wie Humboldt feststellte, waren es die mittleren Jahrestemperaturen, die für die Verbreitung bestimmter Pflanzen ausschlaggebend waren. Somit waren in den wärmeren äquatorialen Erdteilen Pflanzen in deutlich größeren Höhen anzutreffen, welche weiter im Norden oder Süden nur in

© Der/die Autor(en), exklusiv lizenziert an Springer-Verlag GmbH, DE, ein Teil von Springer Nature 2025
T. Foken, J. Lüers, *Oberfranken im Klimawandel,*
https://doi.org/10.1007/978-3-662-71651-9_1

tieferen Lagen vorkamen. Diese Tatsache war die Grundlage für sein berühmtes Naturgemälde. Daraus entstand dann bereits 1817 [1] seine und damit die erste Definition für das Klima: *„Der Ausdruck Klima bezeichnet in seinem allgemeinsten Sinne alle Veränderungen in der Atmosphäre, die unsre Organe merklich afficiren: die Temperatur, die Feuchtigkeit, die Veränderungen des barometrischen Druckes, den ruhigen Luftzustand oder die Wirkungen ungleichnamiger Winde, ...“* [2].

Die zu Humboldts Zeiten bekannten Temperaturmessungen reichten schon aus, um bereits 1817 eine Weltkarte gleicher Jahrestemperaturen entwickeln zu können. Die wichtigste Erkenntnis daraus hieß, dass in gleicher nördlicher Breite durch den Einfluss des Nordatlantikstroms – der Fortsetzung des Golfstroms – die Westküste Europas deutlich wärmer als die Ostküste Nordamerikas war [3]. Es mussten aber fast 100 Jahre vergehen, bis *Wladimir Köppen* (1846–1940) [4, 5] in Abhängigkeit vorwiegend vom Jahresmittel der Lufttemperatur und der Jahressumme des Niederschlages die Klimate der Erde definierte, die heute noch weitgehend unverändert angewandt werden.

Die derzeit gültige Klimadefinition wurde durch die Weltorganisation für Meteorologie (WMO) festgelegt: *„Klima ist die Synthese des Wetters über ein Zeitintervall, das im Wesentlichen lang genug ist, um die Festlegung der statistischen Ensemble-Charakteristika (Mittelwerte, Varianzen, Wahrscheinlichkeiten extremer Ereignisse usw.) zu ermöglichen, und das weitgehend unabhängig bezüglich irgendwelcher augenblicklichen Zustände ist“* [6].

Das bedeutet, dass einzelne wärmere oder kältere bzw. einzelne nasse und trockene Jahre keinen Einfluss auf die für eine Klimazone oder einen Ort maßgebliches Jahresmittel der Lufttemperaturen oder Jahressummen des Niederschlages haben sollten. Dazu müssen aber ausreichend viele Jahre für die Bildung der Mittelwerte oder Summen herangezogen werden. Es wurde daher ein Zeitraum von 30 Jahren festgelegt, wobei heute als Referenzperiode die Jahre 1961 bis 1990 verwendet werden. Dies sind vorwiegend Jahre ohne Trend und der Abschnitt, bevor ab Mitte der 1980er-Jahre die globale Erderwärmung deutlich sichtbar wurde. Es findet aber auch die derzeit aktuelle Klimaperiode der Jahre 1991 bis 2020 Verwendung, die bereits die stärkere Erwärmung ab den 1980er-Jahren voll widerspiegelt. Bei Anwendung dieser Periode als Referenz sollte bedacht werden, dass die Lufttemperaturen hier bereits fast 2 °C über dem vorindustriellen Niveau liegen, wobei man sich aufgrund der Datenlage auf den Zeitraum 1850 bis 1900 bezieht (siehe Abschn. 3.3). Gegenüber den Klimawerten weisen Wetter und Witterung (z. B. eines Monats oder einer Jahreszeit) eine hohe Variabilität auf.

Für die Klimareferenzperioden 1961 bis 1990 und 1991 bis 2020 sind in Abb. 1.1 die Klimadiagramme für Bamberg und Bayreuth dargestellt. Beide Stationen (siehe Abschn. 4.2) sind bewusst für die ländliche Umgebung der Stadt und nicht für das versiegelte Stadtgebiet charakteristisch. Das Jahresmittel der Lufttemperatur ist seit den 1960er- bis 1990er-Jahren von 8,0 °C auf 9,3 °C in Bamberg bzw. von 7,3 °C auf 8,6 °C in Bayreuth angestiegen, wohingegen die Jahressumme des Niederschlags sich kaum verändert hat und seit den 1960er-Jahren um Werte mit etwas mehr als 630 mm in Bamberg und 700 mm in Bayreuth schwankt.

Nach der Klimaklassifikation nach Köppen und Geiger [5] in der aktuell gültigen Fassung [10] hat Oberfranken ein warm-temperiertes, ganzjährig feuchtes Klima (mittlere Temperatur des kältesten Monats zwischen − 3 °C und 18 °C) mit warmen Sommern (mindestens 4 Monate mit mittlerer Temperatur über oder gleich 10 °C), welches die Klassifikationsbuchstaben *Cfb* bekommen hat. Dieser Klimatyp ist eher maritim geprägt, unterliegt folglich dem Einfluss der Luftmassen vom Atlantik oder Mittelmeer. Liegt die Temperatur des kältesten Monats, bei uns der Januar, unter −3 °C wird dies als kontinentales Klima oder Schneeklima bezeichnet, allerdings in Oberfranken mit warmem Sommer (*Dfb*). Die Abgrenzung des warm-temperierten Klimas zum Schneeklima lag im Klimazeitraum 1961 bis 1990 auf dem Höhenzug entlang des Fichtelgebirges Richtung Osten. Gegenwärtig ist es jedoch nur noch auf den höchsten Bergen Ochsenkopf und Schneeberg (1024 m bzw. 1052 m ü. NHN) maßgebend. Der Begriff Schneeklima rührt daher, dass bei mittleren Monatstemperaturen unter −3 °C in Tauperioden die Schneedecke nicht völlig abtaut, sodass bei erneutem Schneefall sich die Schneedecke akkumuliert und sich eine lange anhaltende Schneebedeckung einstellt. Die Grenzen zwischen den Klimatypen haben sich und werden sich in Zuge der andauernden Erderwärmung auch in Oberfranken weiter deutlich verschieben.

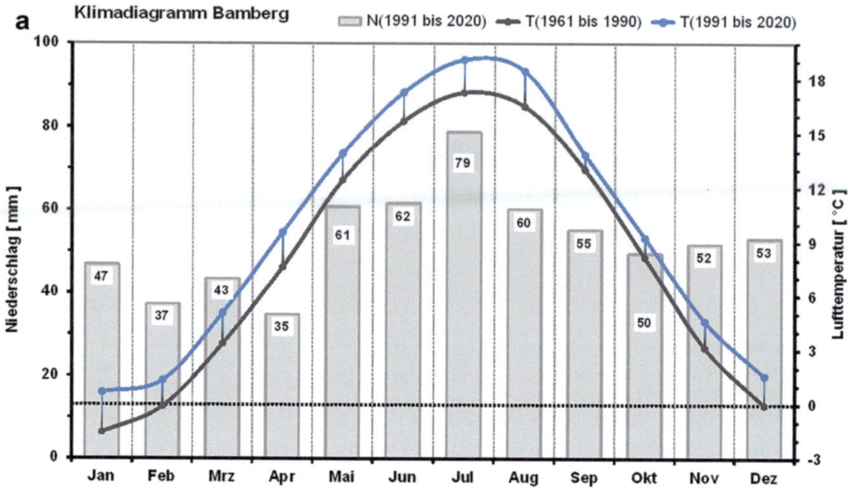

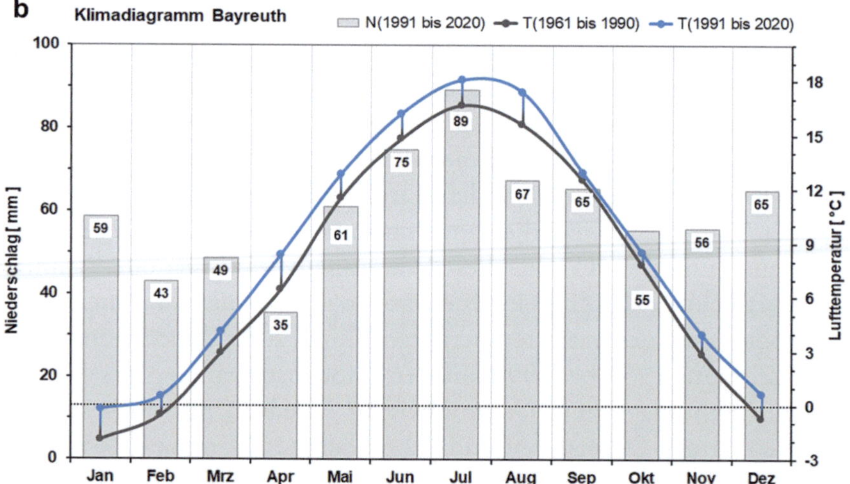

Abb. 1.1   Klimadiagramm für (**a**) Bamberg und (**b**) Bayreuth. Die mittlere monatliche Niederschlagssumme (N) ist in den Balken als Mittelwert der Jahre 1991 bis 2020 angegeben. Die Lufttemperatur (T) ist als mittleres Monatsmittel für die Periode 1961 bis 1990 (dunkelgrau) sowie für die aktuelle Periode 1991 bis 2020 (blau) dargestellt. (Datengrundlage sind jeweils die homogenisierten Messdaten des Deutschen Wetterdienstes und der Universität Bayreuth [7, 8], aus [9])

1.2 Die Entstehung und Entwicklung des Klimas

Das Leben auf der Erde hängt von der Energie der Sonne ab, die die Erde erreicht und deren Verteilung je nach geografischer Lage eines Gebietes auf der Erde und je nach jährlichem Abstand und Stellung der Erde zur Sonne unterschiedlich ist. Dadurch entstehen auf der Erde die meteorologischen Jahreszeiten und die Klimazonen von den Polargebieten bis zu den Tropen. Die Bahn der Erde um die Sonne wiederholt sich jährlich, sie unterliegen jedoch selber einer Variation, die aber nur sehr langsam in Zeiträumen von Jahrtausenden erfolgt (natürliche Klimaschwankungen). Es werden drei Bewegungsformen unterschieden: die Exzentrizität der Erdbahn um die Sonne, die manchmal nahezu kreisförmig ist und manchmal eine ausgeprägte Ellipse aufweist, die Neigung der Erdachse gegenüber der Ebene der Umlaufbahn der Erde um die Sonne (Ekliptik) und ein Schlingern der Erdachse. Die Veränderungen erfolgen periodisch über sehr lange Zeiträume (Tab. 1.1). Sie waren und sind seit gut 2,5 Mrd. Jahre Erdgeschichte mitverantwortlich für die bisher bekannten 6 globalen Eiszeitalter (und die längeren Warmzeitalter dazwischen) und für die kürzeren Kalt- und Warmzeiten im Wechsel innerhalb der letzten 34 Mio. Jahre des aktuellen Känozoischen Eiszeitalters. Seit etwa 3 Mio. Jahren hat die Landkarte der Kontinente und Ozeane, geformt durch die Verschiebung der Erdplatten und durch die Bildung von Gebirgen und Ozeanen, ihr heutiges Erscheinungsbild kaum noch verändert und es sind bis heute (noch) beide Pole vereist. Dies und die Kaltzeiten der letz-

Tab. 1.1 Periodische Schwankungen der Erdbahnparameter und der Sonnenfleckenzyklen [14]

Einfluss auf die Intensität der einfallenden Sonnenstrahlung	Periode der Schwankung
Exzentrizität der Erdumlaufbahn, gegenwärtig Übergang zu einer kreisförmigeren Bahn	95.000 und 400.000 Jahre
Neigung der Erdachse, gegenwärtig 23,45°	41.000 Jahre
Nutation der Erdachse (Kreiselbewegung)	19.000 und 23.000 Jahre
Intensität der Sonnenflecken (verschieden lange Zyklen)	11, 22, 40 bis 50, 75 bis 90, 180 bis 200 Jahre

ten Million Jahre wurden durch *Milutin Milanković* (1879–1958) schon vor 100 Jahren exakt beschrieben und so wird diese Entdeckung auch als Milanković-Zyklen bezeichnet [11]. Letztmalig waren sie für die holozäne Erwärmung nach der letzten Kaltzeit vor 8000 bis 10.000 Jahren verantwortlich. Seitdem und in den nächsten etwa 10.000 Jahren heben sich die Wirkungen der drei Bewegungsformen nahezu auf, sodass wir eine klimatisch außerordentlich günstige Periode für die Menschheitsentwicklung hätten, wenn wir nicht selbst in das Klimageschehen eingreifen würden.

Die Energie der Sonne hängt aber auch von ihrer eigenen Aktivität ab. Bei erhöhter Aktivität (die Strahlung der Sonne schwankt jedoch im Durchschnitt nur um 0,1 %) gibt es besonders viele sogenannte Sonnenflecken (dunklere Bereiche, verursacht durch starke Magnetfelder), deren Anzahl sich in Zyklen ändern (Tab. 1.1). Trotz ständig wechselnder Häufigkeit der Sonnenflecken lässt sich eine markante Schwingung von etwa 11 Jahren Länge beobachten. Die dadurch angezeigte höhere Sonnenaktivität ist auf der Erde nur dann spürbar, wenn deren Veränderung (Amplitude in beide Richtungen) außergewöhnlich groß ausfällt. Beispielsweise gab es in der sogenannten „kleinen Eiszeit" zwischen dem 16. bis in das letzte Drittel des 17. Jahrhunderts nahezu keine Sonnenflecken und zahlreiche Vulkanausbrüche, was beides zusammen die Abkühlung auf der Nordhalbkugel verursachte. Die Klimaoptima der Römerzeit und des Mittelalters lassen sich zu einem Teil auf eine längere Phase erhöhter Sonnenaktivität zurückführen, ebenso wie die Erwärmung in den letzten 20 Jahren des vergangenen 20. Jahrhunderts, die zu circa 10 % durch erhöhte Sonnenaktivität verursacht wurde [12]. Das vorletzte (jedoch schwache) Maximum der Sonnenaktivität lag zwischen 2012 und 2015, gefolgt vom Minimum um die Jahre 2019 und 2020. Ab 2021 stieg die Aktivität wieder deutlich an und der 25. Sonnenzyklus erreichte im Herbst 2024 ein erneutes, mittelstarkes Maximum [13].

Naturereignisse, die zu einer Abkühlung des Planeten oder von größeren Erdteilen führen, beruhen zumeist auf großen Vulkanausbrüchen. Wenn dabei große Mengen an Asche und Schwefelgase bis in die Stratosphäre in Höhen von 15 km bis 20 km gelangen, führt dies zu einer Trübung der Atmosphäre und Schwächung der Sonneneinstrahlung an der Erdoberfläche. Die Erde oder meist nur Erdteile kühlen sich jedoch nur über eine kurze Zeitspanne zwischen 1 Jahr und 3 Jahren um bis zu 2 °C ab. Der letzte große Vulkanausbruch mit globaler Klimawirkung war der Pinatubo am 12.6.1991 auf den Philippinen, der eine Abkühlung im erdweiten Mittel von etwa 0,5 °C im Jahr 1992 verursachte. In Oberfranken hatte der Ausbruch keinen nachweisbaren Einfluss auf die Lufttemperaturen.

Ganz wesentlich für das Erdklima ist die Wirkung des Treibhauseffektes, der erstmals 1824 durch *Jean Baptiste Joseph Fourier* (1768–1830) beschrieben wurde und 1859 erstmals durch *John Tyndall* (1820–1893) experimentell nachgewiesen wurde. Dieser ist in Abb. 1.2 stark vereinfacht dargestellt. Die überwiegend kurzwellige (und sichtbare) Strahlung der Sonne (oder kurz solare Strahlung) wird von der Sonnenoberfläche bei 5800 K emittiert. Dadurch liegt der weitaus größte Teil des Sonnenlichts im für Leben aus der Erde sichtbaren Wellenlängenbereich zwischen 0,4 und 0,8 μm. Auf dem Weg des Sonnenlichts durch die Erdatmosphäre wird 30 % des Lichts durch die Wolken oder an der Erdoberfläche wieder in den Weltraum reflektiert und trägt nicht zum Energiegewinn der Erde bei. Die restlichen 70 % werden überwiegend durch die Erdoberfläche (Land und Ozeane) absorbiert und in Wärme oder Bewegung umgewandelt. Entsprechend der Temperaturspanne der

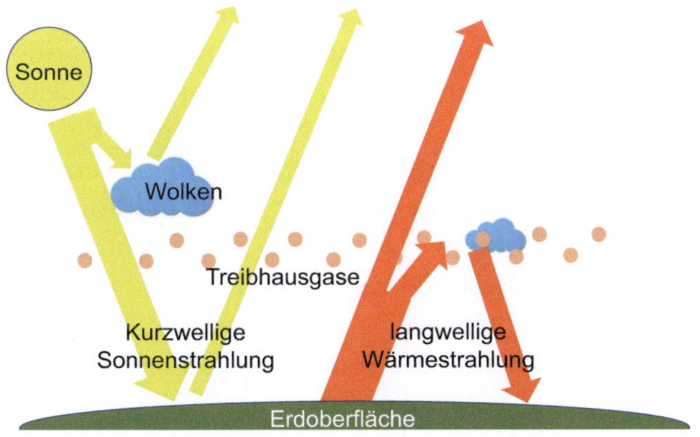

Abb. 1.2 Vereinfachte, schematische Darstellung des Treibhauseffektes, aus [18]

Erdoberfläche, der Wolken oder der Treibhausgase zwischen −60 °C und +60 °C (213 bis 333 K) emittiert die Erde jedoch im langwelligen, infraroten, nicht sichtbaren Wellenlängenbereich, hauptsächlich zwischen 8 µm und 13 µm (terrestrische Strahlung oder Wärmestrahlung). Diese wird in der Atmosphäre von den sogenannten Treibhausgasen absorbiert und danach in alle Richtungen emittiert, d. h., etwa die Hälfte der Wärmestrahlung wird wieder in Richtung Erdoberfläche emittiert und verursacht die planetare Erwärmung (Treibhauseffekt). Dabei sind Wasserdampf (H_2O), Kohlenstoffdioxid (CO_2), Methan (CH_4) und Lachgas (N_2O) die wichtigsten Treibhausgase. Ihnen ist gemein, dass sie einen asymmetrischen Molekülaufbau haben. Die natürlicherweise in der Atmosphäre vorhandenen Treibhausgase verursachen einen Treibhauseffekt von 33 °C, wobei die Anteile von Wasserdampf 21 °C und von Kohlenstoffdioxid 7 °C ausmachen. Ohne diesen natürlichen Treibhauseffekt wäre auf der Erde nur äquatornah Leben möglich und die Mitteltemperatur der Erde wäre nicht 15 °C, sondern −18 °C. Gelangen durch menschliche Aktivitäten mehr Treibhausgase in die Atmosphäre, so erhöht sich die Erwärmung durch den Treibhauseffekt, wobei dieser Anteil als anthropogener Treibhauseffekt bezeichnet wird und bereits 1896 durch den späteren Chemie-Nobelpreisträger *Svante Arrhenius* (1859–1927) beschrieben und in seinen Auswirkungen berechnet wurde. Der Kohlenstoffdioxidgehalt der Erdatmosphäre lag seit mindestens 800.000 Jahren bei kleiner Schwankungsbreite unter dem vorindustriellen Wert von 280 ppm (parts per million, d. h. Moleküle Kohlenstoffdioxid pro 1 Million Luftmolekülen), überschritt aber durch die durch Menschen verursachte Emission von Kohlenstoffdioxid aus Verbrennung fossiler (Kohle, Erdöl, Erdgas) oder rezenter Quellen (Biomasse) im Jahr 2015 den Wert von 400 ppm [15] und lag im Dezember 2024 bereits über 425 ppm [16]. Rechnet man das Treibhausgaspotenzial aller anthropogenen Treibhausgase in eine CO_2-Konzentration um, bezeichnet als CO_2-Äquivalent, so betrug der Wert Ende 2023 etwa 534 ppm [17].

Neben diesen global wirkenden Klimafaktoren Sonneneinstrahlung und Treibhauseffekt gibt es lokal wirkende Klimafaktoren wie die Lage eines Ortes zum Meer und den dort vorhandenen Meeresströmungen. Hinzu kommt die Höhe über dem Meeresspiegel und die Lage zu Gebirgen. Im flachen Osten Nordamerikas können arktische Winde sehr

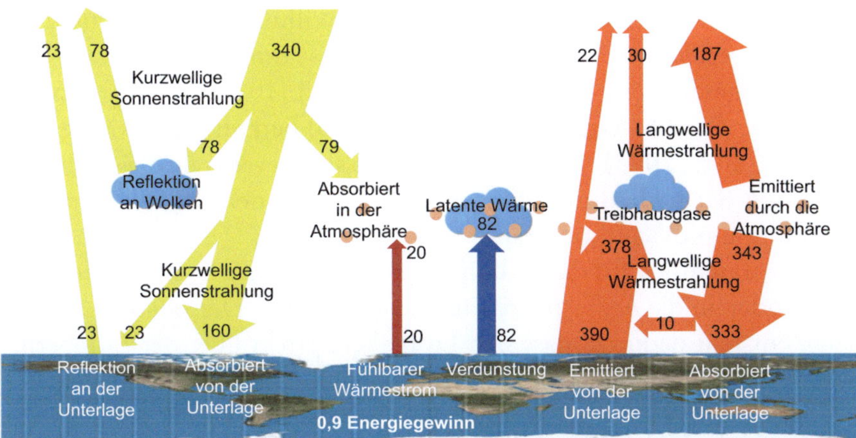

Abb. 1.3 Energieumsetzungen an der Erdoberfläche. (Daten nach [23], Angaben in W m^{-2} (es handelt sich physikalisch um Energieflussdichten in W m^{-2} = J m^{-2} s^{-1}), aus [18])

kalte Luftmassen weit nach Süden bringen. In Europa wirken die skandinavischen Gebirge wie ein Riegel und die Alpen schützen nochmals Norditalien.

Das lokale Klima wird wesentlich durch die Energieumsetzungen an der Erdoberfläche bestimmt (Abb. 1.3). Die einfallende kurzwellige Sonnenstrahlung wird an den Wolken und an der Erdoberfläche teilweise wieder reflektiert, bei Schnee sind es 90 %, Wasser dagegen reflektiert nur 5 % bis 10 %. Dementsprechend nehmen Wasserflächen mehr Energie auf, Schnee und Eis erheblich weniger. Grüne Landflächen reflektieren ca. 15 % bis 20 %, trockene Sandflächen 30 % bis 50 %. Der nicht reflektierte Anteil der Sonnenenergie wird der Erdoberfläche zugeführt und in Wärme, Bewegung oder Biomasse umgewandelt. Wie beschrieben emittiert die Erdoberfläche entsprechend ihrer Temperatur Wärmestrahlung Richtung Weltraum, sie erhält aber auch Wärmestrahlung entsprechend der Temperatur der Atmosphäre und der Wolken und Treibhausgasen zurück. Die Abb. 1.3 zeigt, dass die auf- und abwärts gerichteten Ströme der langwelligen Wärmestrahlung beide groß sind, die resultierende Differenz relativ dazu klein, aber bedeutsam ist. Denn entscheidend ist, ob der Differenzbetrag in den Weltraum abgeführt wird (Abkühlung der Erde) oder auf der Erde verbleibt (Erwärmung). Letzteres ist durch den Zuwachs der Treibhausgase bereits seit Jahrzehnten der Fall [19]. Der anthropogene Effekt aller Treibhausgase (Strahlungsantrieb) beträgt gegenwärtig etwa $+ 3,5$ W m^{-2} (2023) [20] und ist bereits so relevant, dass sich die Erwärmung der Erde durch diese Zurückhaltung der langwelligen Ausstrahlung um 6 % erhöht hat.

Ganz wesentlich für das Erdklima sind zwei weitere Energieströme, die vom Boden in die Atmosphäre Energie übertragen. Der *fühlbare Wärmestrom* entsteht dadurch, dass sich Luftpakete direkt über der Erdoberfläche erwärmen. Sie werden somit leichter als die Umgebungsluft, erhalten Auftrieb, verwirbeln und bewegen sich aufwärts. Dadurch wird effektiv Wärme vom Boden in die Atmosphäre geführt. Die Lufttemperatur wird folglich von diesem turbulenten Wärmestrom beeinflusst und die Luft wird nicht durch die Absorption der Sonnenstrahlung durch die Luftgase direkt erwärmt. Der zweite überwiegend aufwärtsgerichtete Strom ist der *latente Wärmestrom*, der durch die Verdunstung bzw. Transpiration von Wasser Energie in die Atmosphäre transportiert, die bei der Kondensation in den Wolken wieder frei wird (oder bei der Bildung von Tau oder Reif auf Oberflächen). Beide Ströme sind maßgeblich dafür zuständig, ob Klimate trocken oder feucht sind.

Ob ein Klima oder eine Witterungsperiode dann zu trocken (arid) oder zu feucht (humid) ist, hängt wesentlich von einer Gleichung ab, die von *Benoît Paul Émile Clapeyron* (1799–1864) und *Rudolph Clausius* (1822–1888) aufgestellt wurde und bei der Berechnung des Schmelz- und Siedepunktes des Wassers Verwendung findet. Die Gleichung gibt an, wie viel Wasserdampf die Atmosphäre bei einer gegebenen Temperatur aufnehmen kann. Da dieser Zusammenhang exponentiell ist, bedeuten höhere Temperaturen die Fähigkeit der Atmosphäre, deutlich mehr Wasserdampf aufzunehmen, der dann zu verstärkten Niederschlägen führen kann. Andererseits wird bei warmem und windigem Wetter die Verdunstung verstärkt, sodass der Boden wegen der hohen Aufnahmefähigkeit der Atmosphäre für Wasserdampf austrocknen kann.

Auf einige Fragestellungen im Zusammenhang mit den Klimaelementen Lufttemperatur, Luftfeuchtigkeit oder Niederschlag wird in den anderen Abschnitten erneut eingegangen. Populärwissenschaftliche Bücher und Fachbücher können zur Vertiefung herangezogen werden [1, 14, 21, 22].

1.3   Der gegenwärtige Klimawandel

Das Klima auf unserem Planeten änderte sich im Laufe der Erdgeschichte in vielfacher Weise und wird sich auch weiterhin verändern, doch gegenwärtig übt der Mensch neben allen nicht durch uns verursachten Faktoren den bei Weitem größten Einfluss aus und wir erleben einen durch uns hervorgerufenen Klimawandel in einer noch nie dagewesenen Geschwindigkeit. Damit beenden wir selbst die seit etwa 6000 Jahren andauernde optimale Phase für die Entwicklung der Menschheit. Der sicht- und spürbare Beginn der gegenwärtigen Klimakrise lässt sich auf die Zeit der Industrialisierung um 1750 datieren. Wegen der erst ab ca. 1850 ausreichend vorhandenen zuverlässigen Messungen (siehe Abschn. 4.1) wird die Periode 1851 bis 1900 als Referenzperiode für die vorindustriellen Lufttemperaturen angesetzt. Für Bamberg mit Messungen ab 1879 lässt sich als Ersatz gut die Periode 1881 bis 1910 verwenden. Die mittlere Jahrestemperatur für diesen Zeitraum betrug 7,2 °C. Untersuchungen für Bayreuth, wo zuverlässige Messwerte bereits ab 1851 vorliegen [7], ergaben ebenfalls 7,2 °C und für beide Perioden nur einen Unterschied kleiner 0,05 °C. Aber schon zuvor hatten Bergbau und großräumige Abholzung vor allem seit Beginn der Metallverarbeitung (Bronze-Eisenzeit) einen beträchtlichen Beitrag, der sich in den Geodaten jedoch nur versteckt bzw. indirekt widerspiegelt. Ab etwa den 1960er-Jahren ist global eine deutliche, ununterbrochene Zunahme der Temperatur über Land und den Ozeanen zu verzeichnen und in den 1990er-Jahren konnte eindeutig bewiesen werden, dass die anthropogenen, durch uns Menschen verursachten Treibhausgasemissionen der maßgebliche Grund der aktuellen Erderwärmung ist. Der Anstieg Ende des 20. Jahrhunderts war zusätzlich verstärkt durch erhöhte Sonnenaktivität mit etwa 10 % Anteil an der Erwärmung. Aber auch bei geringer Sonnenaktivität, z. B. im 24.

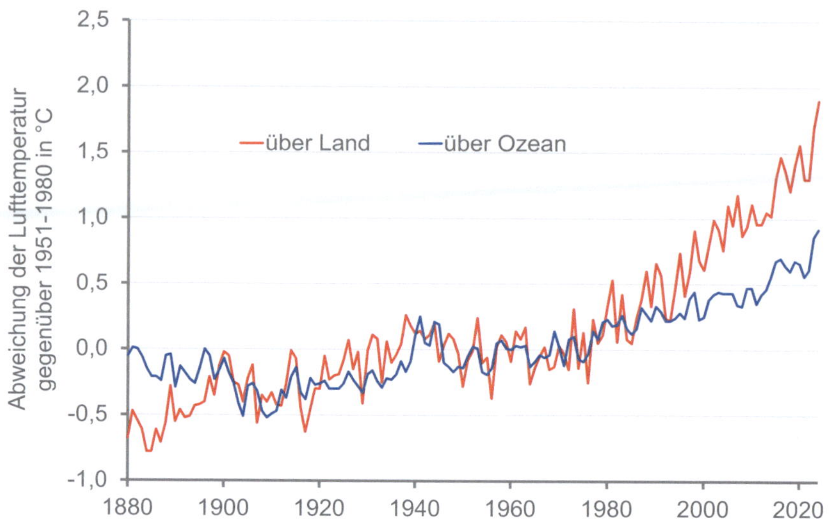

Abb. 1.4   Globale Temperaturänderung in °C von 1880 bis 2024 gegenüber dem Mittel 1951 bis 1980. Abweichung der Lufttemperatur über Land (orange) und über eisfreie Ozeane (blau). (Daten: NASA (National Aeronautics and Space Administration, USA, https://data.giss.nasa.gov/gistemp/graphs))

Sonnenzyklus zwischen den Jahren 2008 und 2017, ging die Erderwärmung unvermindert weiter. Die Jahre ab 2011 sind die wärmsten seit Beginn kontinuierlicher Messungen 1851 in unserer Region.

Die bisherige Zunahme der Lufttemperatur auf der Erde ist in Abb. 1.4 dargestellt. Dabei ist sie über dem Land etwa doppelt so hoch wie über dem Meer, was daran liegt, dass sich die gleiche eingestrahlte Sonnenenergie auf einer Landfläche auf eine kleinere Masse als bei einer lichtdurchlässigen Wasserfläche (größere Masse) als Wärme verteilt und folglich bei gleichem Energieeintrag die Wasseroberfläche kühler bleibt. Das heißt auch, dass beim Verhältnis 30 % Land zu 70 % Ozean der größere Teil der Sonnenenergie in die Ozeane fließt. Über Land sind besonders die nördlichen Breiten, und hier besonders die nördlichen polaren Breiten, vom Klimawandel betroffen. Auch Deutschland hat sich um 1,64 °C erwärmt (linearer Trend 1880 bis 2020 [24]). Wird der Trend nur für die Jahrzehnte ab 1970 berechnet, liegt der Wert für Deutschland deutlich über 2 °C. Für Bayern heißt das eine Zunahme von 1,9 °C seit 1950 [25]. Es ist leicht zu erkennen, dass die zeitliche Änderung der globalen Temperatur einen exponentiellen Charakter aufweist und keine Anzeichen für eine Abflachung oder gar Rückgang erkennbar sind.

Eine Stagnation des globalen Temperaturanstiegs ist auch nicht zu erwarten, wenn die in Abb. 1.5 belegte weltweite Zunahme der drei wichtigsten, durch den Menschen angereicherten Treibhausgase hinzugezogen wird. Kohlenstoffdioxid (CO_2), Methan (CH_4) und Lachgas (N_2O) in der Reihenfolge ihres Vorkommens in der Erdatmosphäre werden entweder direkt durch menschliche Tätigkeit zusätzlich emittiert (Verbrennung, Land-, Forstwirtschaft, Industrieleckage) oder indirekt angereichert, indem die regulierenden planetaren Stoff- und Energiekreisläufe durch den menschlichen Eingriff gestört, unterbrochen, kurzgeschlossen oder letztlich durch aufschaukelnde (positive) Rückkopplung zerstört werden.

Treibhausgase können selbst über geologische Zeiträume durch globale Stoff- und Energiekreisläufe im Rahmen geringer Schwankungsreiten bei ausgeglichener Bilanz der Quellen und Senken reguliert (im Gleichgewicht) bleiben. Die entscheidende Rolle hierbei spielt die planetare Biosphäre (Gesamtheit der Ökosysteme), wenn diese ohne zu große externe (exogene) oder interne (endogene) Störfaktoren nachhaltig selbsterhaltend wirken kann. Wenn, wie derzeit im Anthropozän in Echtzeit zu beobachten, die Regulation der Biosphäre durch den Menschen Systemschaden nimmt, ist das Spiel schnell aus! Das zeigen unzählige Beispiele aus der 4,5 Mrd. langen Erdgeschichte.

Durch die Kenntnis der Kreisläufe und deren Prozessabfolge kann heute recht genau berechnet werden, wie viel Kohlenstoffdioxid, Methan oder Lachgas wir noch weltweit emittieren dürften, bis eine bestimmte mittlere Lufttemperatur der Erde erreicht ist, was jedoch nicht bedeutet, dass die Wirkung (Folgen) bereits verursachter Prozesse aufgehoben werden kann. Durch das universelle Prinzip der Trägheit liegt zwischen Ursache und der somit erzwungenen Wirkung immer Zeit und in den planetenweiten Stoff- und Energieumsätzen können dies auch Jahrhunderte oder gar Jahrtausende sein. Nicht einberechnet ist auch der von den Treibhausgasen unabhängige menschliche Einfluss auf das Klima- und Biosystem der Erde. Durch die irreparable Zerstörung der sich selbsterhaltenden Ökosysteme innerhalb der Biosphäre und die Vernichtung

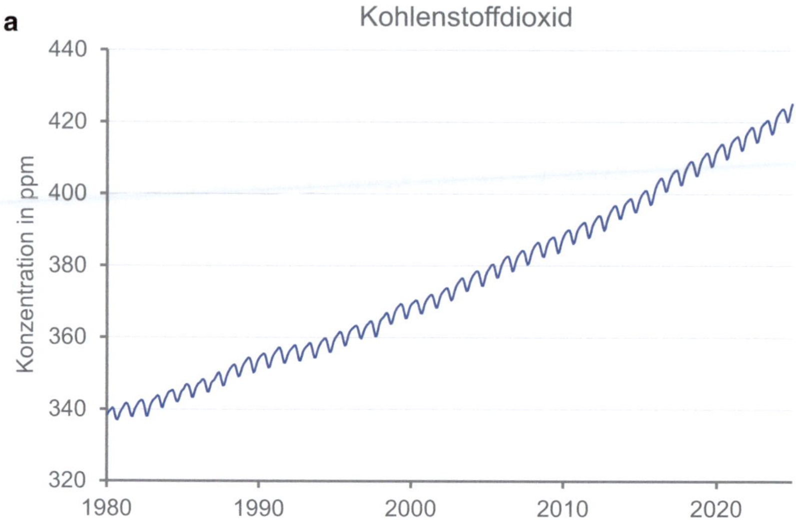

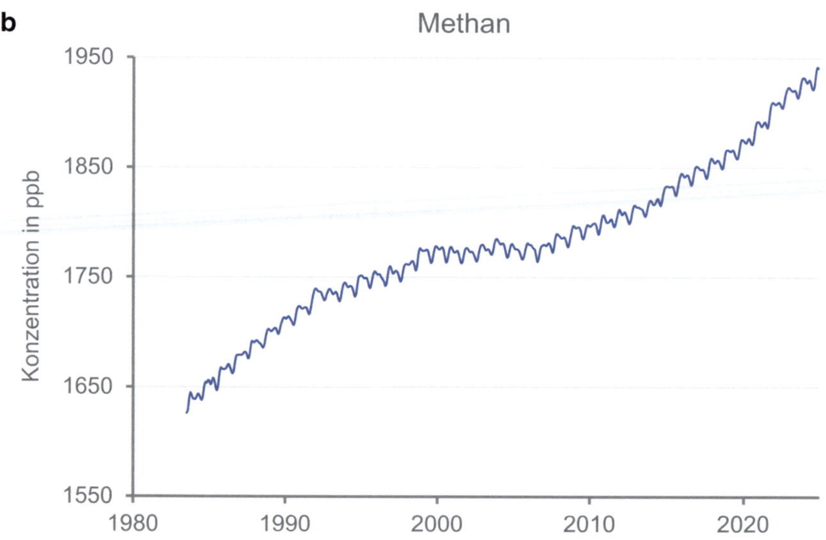

Abb. 1.5 Zunahme der wichtigsten Treibhausgase in der Atmosphäre: Kohlenstoffdioxid (CO_2) seit 1980. (Daten aus [16]), Methan (CH_4) seit 1984. (Daten aus [26]), Lachgas (N_2O) seit 2002. (Daten aus [26]). Konzentrationsangaben in Moleküle Treibhausgas pro 1 Mio. Luftmoleküle (ppm, CO_2) bzw. 1 Mrd. Luftmoleküle (ppb, CH_4, N_2O), siehe auch [20]

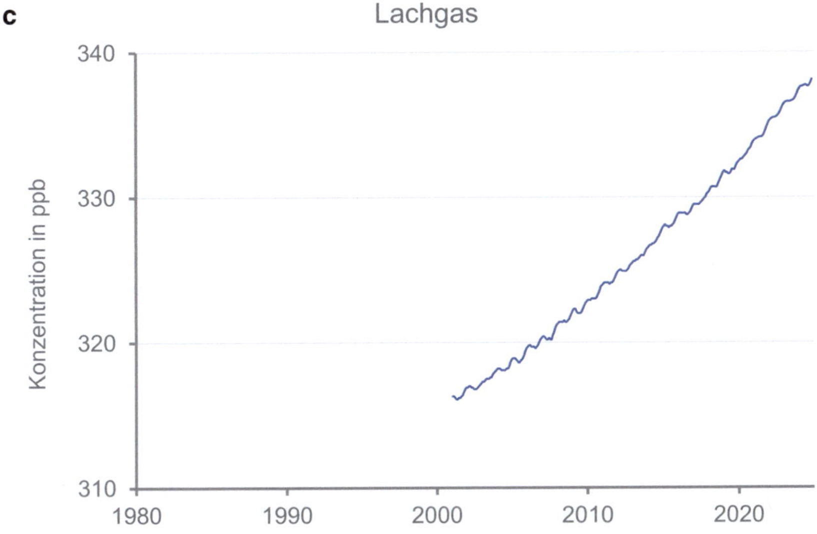

Abb. 1.5 (Fortsetzung)

an genetischer Vielfalt (Biodiversität) würde auch ohne anthropogen verursachten Zuwachs der Treibhausgase ein beträchtlicher Klimawandel stattfinden. Außerdem würde eine Destabilisierung der Biosphäre den Abbau von erhöhten Treibhausgasmengen in der Atmosphäre um Jahrhunderte erheblich verzögern.

Der Klimawandel zeigt sich nicht nur durch höhere Lufttemperaturen, denn nur 1 % der Sonnenenergie gelangt direkt in die Atmosphäre, 9 % absorbiert der Erdboden oder werden in Biomasse oder in Bewegungsenergie umgewandelt, aber 90 % erwärmen die Ozeane mit der Folge, dass sich der Wasserkörper ausdehnt. Der dadurch verursachte Meeresspiegelanstieg liegt gegenwärtig in der Größenordnung des bisherigen Anstieges durch das Abschmelzen des grönländischen und antarktischen Eisschildes, beides zusammen beträgt bereits fast 15 cm bis 25 cm mit einem jährlichen Anstieg von 3,7 mm zwischen 2006 bis 2018 [19]. Mehr Energie bedeutet aber auch ein höheres Verdunstungspotenzial, bedingt durch höhere Temperaturen und verstärkt durch Wind. So kann Luft dem bereits genannten exponentiellen Zusammenhang von *Clausius* und *Clapeyron* folgend bei 0 °C etwa 0,6 % Wasserdampf aufnehmen, bei

15 °C sind es bereits 1,7 % und bei 30 °C sogar 4,2 %. Eine globale Temperaturerhöhung von 1 °C bedeutet somit, dass 7 % mehr Wasserdampf durch die Atmosphäre aufgenommen werden können. Dies geht einher mit mehr Niederschlag, insbesondere bei Unwettern, aber auch mit höheren Verdunstungsraten und zunehmender Trockenheit.

Höhere Temperaturen bedeuten aber auch mehr verfügbare kinetische Energie und somit werden auch Stürme und Orkane immer dann besonders stark, wenn die Druckgegensätze, verursacht durch Temperaturgegensätze zwischen benachbarten Gebieten, besonders groß sind. Durch den anthropogenen Treibhauseffekt ist die Energiebilanz zwischen Erde und Weltraum nicht mehr ausgeglichen. Diese zusätzliche Energie, die dem Erdsystem zugeführt wird und besonders die Ozeane erwärmt, beträgt gegenwärtig 0,9 J pro Quadratmeter und Sekunde, das sind für eine Fläche von 1000 m² (größerer Garten) etwa 22 kWh pro Jahr.

Um einen Eindruck vom Ausmaß der Erwärmung zu bekommen, lässt sich der gegenwärtige Anstieg der mittleren globalen Lufttemperatur von mehr als 1,3 °C gegenüber der vorindustriellen Zeit mit klimatischen Veränderungen in der Erdgeschichte vergleichen [1, 14, 27, 28]. Die bisherige Erwärmung (2025) liegt bereits deutlich über der holozänen Erwärmung im Atlantikum vor 6000 bis 8000 Jahren und hat die Höhe des Temperaturniveaus in der Eem-Warmzeit (in Süddeutschland als Riß/Würm-Interglazial bezeichnet) vor etwa 120.000 Jahren erreicht. In der letzten Kaltzeit (20.000 bis 15000 Jahre v. Chr.) des aktuellen Eiszeitalters lag die globale Temperatur etwa 4 bis 5 °C unterhalb der vorindustriellen Zeit (1850–1900), in Mitteleuropa war es sogar 12 bis 14 °C kälter. Vor dem Beginn der Vereisung des Nordpols vor etwa 3,5 Mio. Jahren im Pliozän (beginn 5 Mio. Jahre v. Chr.) war das Erdklima relativ stabil, es war etwa 2 bis 3 °C wärmer als in der vorindustriellen Referenz und die CO_2-Konzentration lag ähnlich wie heute zwischen 360 ppm und 400 ppm (vorindustrielles Niveau 280 ppm).

Das heißt, die mittlere Lufttemperatur der Erde, die in politischen Dokumenten wie dem Pariser Klimaabkommen verwendet wird, sagt wenig aus über die Erwärmung in einzelnen Regionen, die beispielsweise in arktischen Breiten heute schon mehr als 4 °C erreicht hat.

Es macht jedoch keinen Sinn, den Vergleich mit noch weiter zurückliegenden Klimaperioden durchzuführen, da sich in diesen Zeiträumen durch die Plattentektonik die Verteilung der Landmassen, Gebirge und Ozeane nicht mehr mit der heutigen Landkarte vergleichen lässt.

Auch für Oberfranken ist der Klimawandel mehr als nur eine Temperaturerhöhung. Wie schon in der Einleitung gesagt, sind die Temperaturen heute auf einem Niveau, wie sie ehemals im Oberrheingraben waren. Vielmehr ist der Klimawandel mit deutlichen Umstellungen der atmosphärischen Zirkulation verbunden [29]. Die starke Erwärmung der Arktis durch das verstärkte Abschmelzen des arktischen Meereises und der zunehmende Wasserdampftransport in die höhere arktische Troposphäre führen zu einer Abschwächung des Temperaturunterschiedes zwischen arktischen und mittleren Breiten. Da Temperaturunterschiede und damit Druckunterschiede die Voraussetzung für Wind sind, schwächt sich das in 8 km bis 10 km Höhe gelegene Starkwindband (polarer Jetstream) in Breiten von 50° bis 60° N zunehmend ab. Damit wird die für Mitteleuropa typische Abfolge von Hoch- und Tiefdruckgebieten im Wechsel von drei bis fünf Tagen unterbrochen. Es bilden sich Hochdruckgebiete aus, die längere Zeit über einem Gebiet liegen und als blockierende Hochdruckgebiete bezeichnet werden, weil sie den direkten Weg der Tiefdruckgebiete versperren, die dann um das Hochdruckgebiet herumziehen müssen (Abb. 1.6). Je nach Lage des Beobachtungsortes in Relation zu diesem Druckgebilde entstehen typische Wettererscheinungen. Bei zentraler Lage ist es im Sommer warm und sonnig, im Winter dagegen kühl mit einer sich am Tage kaum auflösenden Hochnebeldecke, aber Sonne auf den Gipfeln von Thüringer Wald und Fichtelgebirge. Wenn das Hochdruckgebiet sich kaum bewegt, ist dies im Sommer mit Hitze- und Ozonperioden und langanhaltender Trockenheit verbunden. Im südwestlichen Teil des Hochdruckgebietes, wo die Druckunterschiede durch die Nähe zum Tiefdruckgebiet schon wieder größer werden, gelangt mit einer südlichen Luftströmung sehr heiße Luft nach Oberfranken. Diese führt dann häufig feinen Staub (Aerosole) aus der Sahara mit sich, was zu wunderschönen, den ganzen Himmel umspannenden rötlichen Dämmerungserscheinungen führt (Abb. 1.7). In den Alpen ist diese Erscheinung im Winter auch als Blutschnee bekannt – manchmal sogar bis Bamberg beobachtbar, wenn sich der Staub

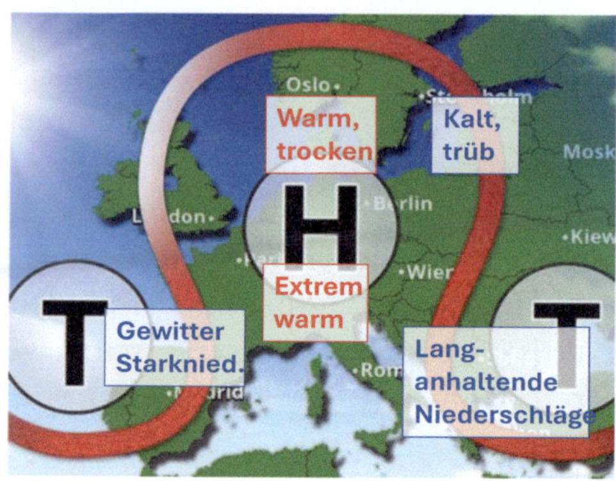

Abb. 1.6 Schematische Darstellung typischer Wettererscheinungen an einem blockierenden Hochdruckgebiet, aus [18]. (Hintergrundbild: www.wetter.com)

auf dem Schnee ablagert oder Schnee durch eine mit Staub angereicherte Luftschicht fällt.

Bei weiterer Annäherung an das Tiefdruckgebiet, wenn in der Höhe bereits kühlere Luft über die bodennahe Warmluft strömt, kommt es zu kräftigen Gewittern mit Starkniederschlägen und Hagel. Diese sind oft unwetterartig, da sie sich durch die Blockierung kaum von der Stelle bewegen und in 10 min bis 60 min durchaus Niederschlagsmengen von 30 mm bis 50 mm und mehr bringen können – also eine Menge, die sonst nur in einem Monat fällt. Wenn die Bäche, Flüsse oder Abwasserkanäle diese nicht mehr aufnehmen können, kommt es zu lokalen Überflutungen.

Aber auch die Ostflanke des Hochdruckgebietes hat typische Wettererscheinungen, wenn kühlere Luft von Norden gegen feucht-milde Luft aus Süden geführt wird. Je nach Lage des Ortes zum Hochdruckgebiet ist es kühl und trüb oder es gibt langanhaltenden Niederschlag. Dies ist häufig eine Ursache von Hochwasser und im Winter von ergiebigen Schneefällen, in tieferen Lagen häufig von sehr schwerem Nassschnee.

Viele der in unserer Region bereits eingetretenen Veränderungen durch den Klimawandel lassen sich auf diese Zirkulationsumstellungen zurückführen. Um dies hier im Buch näher zu untersuchen, sind verlässliche Messdaten und die Kenntnis der lokalen Besonderheiten des Klimas notwendig, was in den folgenden beiden Kapiteln betrachtet wird.

Abb. 1.7 Purpurdämmerung durch hohen Aerosolgehalt in der Atmosphäre, Blick vom Hochgrat im Allgäu zum Bodensee bei Südströmung am 31. Juli 2020. (Foto: Foken)

1.4   Empirisches und Theoretisches Klima

Die Klimadiagramme in Abb. 1.1 wurden aus Messdaten erstellt, die einem konkreten Ort mit Zeitbezug zugeordnet werden können. Die meisten Abbildungen in diesem Buch basieren ebenfalls auf Messdaten, die allgemein über das Datenportal des Deutschen Wetterdienstes (DWD) online zugänglich sind. Eine auf Messdaten basierende Klimaanalyse wird als *Empirisches Klima* bezeichnet [1], wie auch die daraus bestimmten statistischen Werte (z. B. 30-jährige Klimaperioden).

Es ist jedoch möglich, für jeden Ort in Oberfranken Klimadiagramme im Internet abzurufen, meist nur für kurze Zeiträume, obwohl von diesen Orten keinerlei Messwerte vorliegen. Um das Problem der fehlenden Messdaten zu lösen, kommt das *Theoretische Klima* als Methode zur Anwendung. Hierbei werden als Ersatz für fehlende Messdaten durch Computermodellrechnungen für Gitter unterschiedlicher Größe, z. B.

2 km × 2 km, theoretische Werte berechnet. Dabei handelt es sich um Wettervorhersagemodelle, die erneut für den Zeitpunkt des Eintretens eines Ereignisses mit korrigierten Eingangsdaten gerechnet werden. Alle Orte, die in einem solchen Gitter liegen, bekommen dann die gleichen Werte zugeordnet. Die Modellrechnungen basieren jedoch auf räumlich unregelmäßig verteilten Messungen und meist vereinfachten physikalischen Annahmen über die räumliche Veränderung. Auf diese Weise werden auch globale Mitteltemperaturen errechnet, da es viele Gebiete der Erde gibt, aus denen keine Messungen vorliegen. Die Anwendung dieser sogenannten Re-Analyse-Daten bedarf besonderer Vorsicht, um Modellfehler auszuschließen. Bei der Bestimmung globaler Wetter- oder Klimadaten werden immer verschiedene Modelle parallel eingesetzt, um mögliche Fehler abschätzen zu können. Diese liegen heute beispielsweise hinsichtlich Temperatur nur noch im Bereich des Fehlers der Messungen von 0,1 °C bis 0,2 °C.

Da theoretische Klimadaten häufig und bewusst für das politische Handeln herangezogen werden, z. B. im Bayerischen Klimareport 2021 [25] oder in Klimaanpassungskonzepten von Städten und Regionen (Bamberg siehe [30]), sollte sich immer vergegenwärtig werden, dass derart ermittelte Daten die Besonderheiten der lokalen klimatischen Gegebenheiten vor allem in Städten oder Gebieten mit wechselhaften Relief nicht real abbilden können. Beispielsweise wird die Frostgefährdung in Tälern oder Temperaturen auf Bergen nur ungenügend wiedergeben oder es werden die bei extremeren Wetterlagen möglichen großen lokalen Unterschiede oder Extremwerte über größere Gebiete gemittelt und so oft deutlich unterschätzt. Die Abb. 1.8 zeigt den Unterschied zwischen empirischen und theoretischen Zeitreihen deutlich. Bei der Gegenüberstellung der Anzahl an heißen Tagen (Tagesmaximum größer oder gleich 30 °C) in Bamberg liegt diese Unterschätzung bei Anwendung theoretischer Daten bei 30 % bis 50 %. Für die Verwendung theoretischer Klimadaten gibt es oft keine Alternative und sie ist eine korrekte und sinnvolle Methode, wenn Messdaten fehlen oder unsicher sind. Deren Grenzen und Abweichungen müssen jedoch Berücksichtigung finden, insbesondere dann, wenn solche Daten meist bewusst ohne Hinzuziehung lokaler,

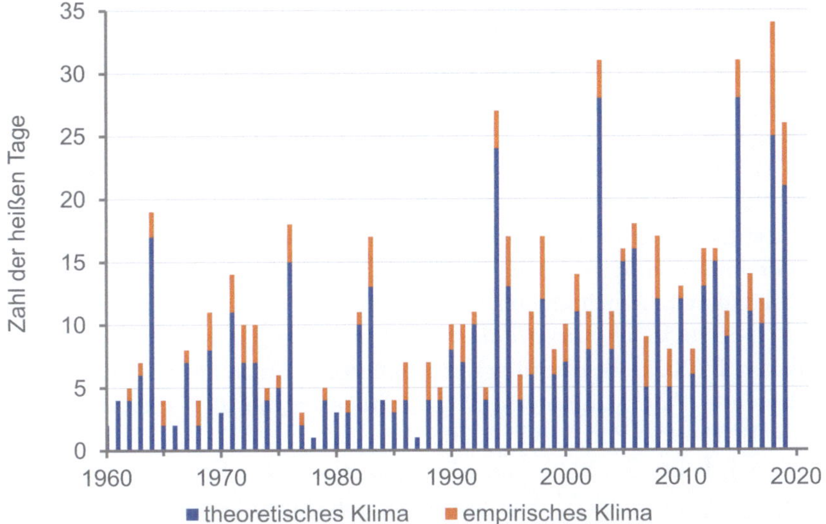

Abb. 1.8 Anzahl der heißen Tage mit Temperaturen von 30 °C und höher in Bamberg 1960 bis 2020, Vergleich des theoretischen Klimas (blau) für den Landkreis Bamberg (1960 bis 2019 [30]) mit Messwerten des empirischen Klimas (orange) für den Stadtrand von Bamberg. (Daten: DWD und [8])

physikalischer Messungen als alleinige Richtschnur für das politische Handeln herangezogen werden. Die Bürgerinnen und Bürger sollten immer kritisch nachfragen, auf welcher Datenbasis politische Entscheidungen getroffen werden.

Literatur

1. Schönwiese C-D (2024) Klimatologie, 6. Aufl. Ulmer, Stuttgart
2. von Humboldt A (1845) Kosmos, Entwurf einer physischen Weltbeschreibung, Teil I (Nachdruck: Die Andere Bibliothek, Berlin, 2014). Cotta, Stuttgart
3. Berghaus H (1838–1848) Physikalischer Atlas zu Alexander von Humboldt, Kosmos (Nachdruck: Die Andere Bibliothek, Berlin, 2014). Perthes, Gotha

4. Köppen W (1900) Versuch einer Klassifikation der Klimate, vorzugsweise nach ihren Beziehungen zur Pflanzenwelt. Geograph Z 6:593–611, 657–679

5. Köppen W (1936) Das geographische System der Klimate. In: Köppen W, Geiger R (Hrsg) Handbuch der Klimatologie, Bd I, Teil C. Gebrüder Borntraeger, Berlin, S C1–C44

6. WMO (1979) Proceedings of the World Climate Conference (WMO No. 537). World Meteorological Organization, Geneva

7. Lüers J, Soldner M, Olesch J, Foken T (2014) 160 Jahre Bayreuther Klimazeitreihe, Homogenisierung der Bayreuther Lufttemperatur- und Niederschlagsdaten. Arbeitsergebn, Univ Bayreuth, Abt Mikrometeorol, ISSN 1614-8916 56:52. https://doi.org/10.15495/EPub_UBT_00001758

8. Foken T (2021) Bearbeitung der Bamberger Klimareihe 1879–2020. Univ Bayreuth, Abt Mikrometeorologie, Arbeitsergebnisse 57:49. https://doi.org/10.15495/EPub_UBT_00005217

9. Lüers J, Foken T (2024) Das Klima des Bayreuther Raumes – im Wandel. In: Bolze A, Lauerer M, Horbach H-D et al (Hrsg) Flora von Bayreuth und Umgebung. Selbstverlag Naturwissenschaftliche Gesellschaft Bayreuth, Bayreuth, S 10–15

10. Kottek M, Grieser J, Beck C, Rudolf B, Rubel F (2006) World Map of the Köppen-Geiger climate classification updated. Meteorol Z 15:259–263. https://doi.org/10.1127/0941-2948/2006/0130

11. Milanković M (1920) Théorie mathématique des phénomènes thermiques produits par la radiation solaire. Südslawische Akademie der Wissenschaften und Künste/Gauthier-Villars, Paris, S 27–53

12. IPCC (2001) Climate change 2001, The scientific basis. Cambridge University Press, Cambridge

13. Keller H-U (2024) Kosmos Himmelsjahr – 2025. Franckh-Kosmos VerlagsGmbH &Co KG, Stuttgart

14. Schönwiese C (2019) Klimawandel kompakt, Ein globales Problem wissenschaftlich erklärt. Borntraeger, Stuttgart

15. WMO (2019) WMO Greenhouse Gase Bulletin No. 15. World Meteorological Organization, Geneva

16. Lan X, Tans P, Thoning KW (2025) Trends in globally-averaged CO_2 determined from NOAA Global Monitoring Laboratory measurements. Version Friday, 14-Mar-2025 11:33:44 MDT In. https://doi.org/10.15138/9N0H-ZH07

17. Montzka SA (2024) The NOAA Annual Greenhouse Gas Index (AGGI). National Oceanic and Atmospheric Administration (NOAA) Earth System

Research Laboratories Global Monitoring Laboratory, Boulder. http://www.esrl.noaa.gov/gmd/aggi/aggi.html, Zugriff 15.09.2025

18. Foken T (2025) Bamberg im Klimawandel, 2. Aufl. Books on Demand GmbH, Norderstedt
19. IPCC (2021) Climate Change 2021. The Physical Science Basis. Contribution of Working Group I to the Sixth Assessment Report of the Intergovernmental Panel on Climate Change. Cambridge University Press, Cambridge. https://doi.org/10.1017/9781009157896
20. WMO (2024) WMO Greenhouse Gas Bulletin No. 20. World Meteorological Organization, Geneva
21. Hupfer P, Kuttler W (Hrsg) (2005) Witterung und Klima, begründet von Ernst Heyer, 11. Aufl. Vieweg+Teubner, Wiesbaden. https://doi.org/10.1007/978-3-322-96749-7
22. Kuttler W (2013) Klimatologie. Verlag Ferdinand Schöningh, Paderborn
23. Trenberth KE (2022) The changing flow of energy through the climate system. Cambridge University Press, Cambridge. https://doi.org/10.1017/9781108979030
24. Brasseur GP, Jacob D, Schuck-Zöller S (Hrsg) (2023) Klimawandel in Deutschland. Springer-Spektrum, Berlin/Heidelberg. https://doi.org/10.1007/978-3-662-66696-8
25. StMUV (2021) Klima-Report Bayern 2021. Bayerisches Staatsministerium für Umwelt und Verbraucherschutz, München
26. Lan X, Thoning KW, Dlugokencky EJ (2025) Trends in globally-averaged CH_4, N_2O, and SF_6 determined from NOAA Global Monitoring Laboratory measurements. Version 2025-03 In. https://doi.org/10.15138/P8XG-AA10
27. Rahmstorf S, Schellnhuber HJ (2018) Der Klimawandel, 8. Aufl. C. H. Beck, München
28. WMO (2020) The Global Climate in 2015–2019, WMO-No. 1249. WMO, Geneva
29. Mann ME, Rahmstorf S, Kornhuber K, Steinman BA, Miller SK, Coumou D (2017) Influence of anthropogenic climate change on planetary wave resonance and extreme weather events. Sci Rep 7(1):45242. https://doi.org/10.1038/srep45242
30. Walther C, Reusswig F, Thiel S, Pfalzgraf A, Knorr A, Kenneweg H, Weyer G, Keller J, Lass W (2020) Klimaanpassungskonzept für Stadt und Landkreis Bamberg. Potsdam, Berlin

2

Lokales Klima

Eingebettet in den großräumigen Klimazonen einer oder mehrerer Regionen können sich oft sehr kleinräumige lokale Klimate ausbilden – überall dort, wo die Umgebungsbedingungen sich so weit ähneln, dass vergleichbare klimatische Verhältnisse entstehen können. Diese sogenannten lokalen Klimate in unterschiedlicher Ausprägung auf kleiner Ebene haben eine große Bedeutung für die direkte Wechselwirkung zwischen Wetter und der lokalen Umwelt und entscheiden folglich über Wohlbefinden oder Belastung von Mensch, Tier oder Pflanze am Ort.

2.1   Wie empfinden wir das Wetter und Klima

Lokale Klimate können positiv und negativ auf das menschliche Befinden wirken, je nachdem, ob kühlere oder wärmere Orte bevorzugt werden. Um zu verstehen, welche Wirkung von einem bestimmten Lokalklima ausgeht, müssen wir uns zunächst verdeutlichen, wie die Energie-

T. Foken, J. Lüers, *Oberfranken im Klimawandel*,
https://doi.org/10.1007/978-3-662-71651-9_2

bilanz des Menschen im Verhältnis zu seiner Umwelt aussieht. Mehrere Effekte wirken hier zusammen.

Wir empfinden die sommerliche Hitze in der Stadt in ganz unterschiedlicher Weise. Die Lufttemperatur ist dabei nur ein Faktor. Den wohl dramatischsten Effekt erlebt man in einer sonnenüberfluteten Straße oder einem Platz, wobei der Bamberger Maxplatz oder der Stadtteil St. Georgen in Bayreuth Negativbeispiele sind. Wenn der menschliche Körper direkt der Sonnenstrahlung ausgesetzt ist, absorbiert die Haut die energiereiche, kurzwellige solare Strahlung (Wellenlängen 0,3 µm bis 3 µm, Abb. 1.2), und erwärmt sich. Im Frühjahr und Herbst kann das noch ganz angenehm sein, doch im Sommer ist es besser eine schattige Stelle aufzusuchen. Dieser Effekt kann bei fehlendem Wind besonders intensiv sein. So ist es z. B. Winter im Gebirge selbst bei Minusgraden bei intensiver Sonnenstrahlung, Windstille und leichter Bekleidung rasch möglich, sich im Liegestuhl einen Sonnenbrand einzufangen.

In Städten schützen die Gebäudeschatten oder diverse Formen von Sonnenschutz und gelegentlich schattenspendende Bäume vor der direkten Sonnenstrahlung. In heißen Wüstenregionen tragen die Menschen luftige, aber den ganzen Körper bedeckende Bekleidung. Lange und weitgeschnittene Sommerkleidung ist überall eine effektive Anpassung. Dabei ist die Lufttemperatur im Schatten als auch in der Sonne (wenn das Thermometer ungeschützt direkt der Sonne aussetzt wird) weitgehend identisch, es sei denn, über erhitztem Steinboden erwärmt ein starker fühlbarer Wärmestrom (Abb. 1.3) bei Windstille die Luft zusätzlich.

Ein weiterer Effekt tritt in dicht bebauten städtischen Gebieten auf. Wenn sich das Mauerwerk so stark durch die Sonneneinstrahlung aufgewärmt hat, dass es wärmer als die eigene Hauttemperatur (typischerweise etwa 32 °C) ist, so können wir uns durch Wärmeabstrahlung, bezeichnet als langwellige terrestrische Strahlung (Wellenlänge 5 µm bis 100 µm, Abb. 1.2), nicht mehr abkühlen, weil wir mehr Wärmestrahlung aus der Umgebung erhalten als selbst abgeben. Dies ist vergleichbar, wenn wir uns in unmittelbarer Nähe eines Kamins, Ofens oder Heizkörpers aufhalten. Oft ist die Wärmeabgabe der Gebäude eines ganzen Stadtteils so groß, dass es zur Abkühlung sehr lange braucht und die Nächte als besonders warm empfunden werden. Am Tage sind dagegen die Temperaturunterschiede zwischen dicht bebauten Straßen und offenen Flächen bei ausreichend Wind und Durchlüftung meist nur gering.

Die Wärmestrahlung hat aber auch einen positiven Aspekt, zum Beispiel am Abend: Unter den Bäumen im Biergarten oder wenn der Wirt den Sonnenschirm aufgespannt lässt, kommt der Effekt der langwelligen Gegenstrahlung zum tragen. Die aufwärtsgerichtete Wärmestrahlung vom Boden wird in der Biomasse der Baumkrone oder vom Sonnenschirm anteilig absorbiert, erwärmen diese und Kronendach oder Schirm geben entsprechen wieder (in alle Richtungen), also auch abwärts Richtung Boden, Wärmestrahlung zurück. Diese Wärmestrahlung ist stärker als jene unter freiem Himmel, wo Wolken und Treibhausgase in der Luftsäule über uns eine geringere Wärmestrahlung abgeben, die wir kaum als Wärme spüren. Der Effekt ist nachhaltiger als von jedem Wärmepilz. Die Lufttemperatur ist aber unterm Baum oder Schirm und außerhalb des Schutzes weitgehend identisch, es wechselwirkt nur die Wärmestrahlung mit unserem Körper direkt – wie beim Lagerfeuer, wo wir die Wärme nur auf der dem Feuer zugewandten Körperseite spüren.

Sobald Luftbewegung herrscht, findet zusätzlich eine Wärmeleitung von der sich an der Haut erwärmten Luft an die Umgebung statt. Unterhalb von 32 °C empfindet der Mensch eine Abkühlung, darüber überwiegt das Wärmeempfinden. Im Winter ist der Effekt besonders unangenehm und die gefühlte Temperatur kann deutlich unter der wahren Lufttemperatur liegen. Diese gefühlte Temperatur wird auch als Windchill-Temperatur bezeichnet. Die Abkühlung wird dadurch unterstützt, dass Feuchtigkeit auf unserer Haut (Schweiß) verdunsten kann, wozu Wärmeenergie aus dem Körper benötigt wird. Ist die Luft besonders trocken, zum Beispiel heiße Luft im Sommer aus Mittelasien oder der Sahara, dann ist der Verdunstungseffekt auf der Haut besonders groß. Haben wir jedoch feucht-warme Luft aus dem Mittelmeerraum, gibt es ein Schwüleempfinden und auch Schwitzen bringt (da nichts verdunstet) keine Abkühlung mehr mit sich. Erwärmt sich die Luft über 37 °C oder 38 °C und schafft der Wind keine Abkühlung mehr, dann fühlen wir uns in ein künstliches Fieber versetzt und es wird besonders unangenehm oder gar gefährlich.

Somit beeinflussen drei Effekte unser Wärmeempfinden: die Wärmebilanz zwischen Körper und der Umgebung durch langwellige Wärmestrahlung, die Wärmeleitung bei vorhandener Luftströmung an die Umgebung ggf. mit zusätzlicher Verdunstungsabkühlung und die Erwärmung der Körperoberfläche durch direkte Sonneneinstrahlung. Die Effekte können sich gegenseitig verstärken, manchmal auch kompensieren. Alles kann durch ein geeignetes Lokalklima verstärkt oder gemindert werden, wobei in Zeiten des Klimawandels Maßnahmen zu Abkühlung gefragt sind.

2.2 Maßzahlen für das Wetter- und Klimaempfinden

Das Temperaturempfinden des Menschen hängt nicht nur von der Lufttemperatur, sondern auch von der Windgeschwindigkeit, der Sonneneinstrahlung und der Luftfeuchte ab. Um die unterschiedlichen Wirkungen auf das Wohlbefinden des Menschen abzuschätzen, arbeiten bereits seit etwa den 1980er-Jahren Meteorologen und Mediziner eng zusammen. In Deutschland wurde der sogenannten „Klimamichel" [1] entwickelt, der einen Mann mittlerer Konstitution darstellt und für ihn eine komplette Energiebilanz berechnet und diese dann mit Empfindungsstufen verbunden wird. Die biometeorologischen Indizes wurden so definiert, dass sie Lufttemperaturen zugeordnet werden können, ab denen ein Hitze- oder Kältestress vorhanden ist. Gegenwärtig wird verbreitet der Universelle Thermische Klimaindex (Universal Thermal Climate Index, UTCI) angewandt [2], der auch in deutsche Richtlinien zur thermischen Belastung des Menschen Eingang gefunden hat [3] und in Tab. 2.1 erklärt wird. Die Temperatur wird nicht als Lufttemperatur, sondern als sogenannte „gefühlte Temperatur" angegeben, die auch vom Deutschen Wetterdienst bei Hitzewarnungen verwendet wird und im Schatten und bei Windstille der Lufttemperatur entspricht. In der Sonne ist die gefühlte Temperatur höher und bei stärkerem Wind niedriger als die Lufttemperatur. Dabei wird der Bereich von 18 °C bis 26 °C als Komfortbereich bezeichnet, in dem man sich bei leichter Bekleidung wohlfühlt. Selbst bis 9 °C empfindet man bei entsprechender Kleidung noch keine Kältebelastung. Während bei niedrigeren Temperaturen entsprechende Kleidung gut schützen kann, sind dem „Ausziehen" bei höheren Temperaturen recht schnell Grenzen gesetzt. Somit nimmt die Belastung bei gefühlten Temperaturen

Tab. 2.1 Grenzen der thermischen Belastung nach dem UTCI-Index [2, 3]

UTCI Bereich (°C)	Belastungskategorie	Einteilung in der Meteorologie
> 46	Extreme Wärmebelastung	
38 < UTCI ≤ 46	Sehr starke Wärmebelastung	Sehr heißer Tag bei Maximum ≥ 35 °C
32 < UTCI ≤ 38	Starke Wärmebelastung	Heißer Tag bei Maximum ≥30 °C
26 < UTCI ≤ 32	Moderate Wärmebelastung	Sommertag bei Maximum ≥ 25 °C
9 ≤ UTCI ≤ 26[*]	Keine Belastung	
9 > UTCI ≥ 0	Geringe Kältebelastung	
0 > UTCI ≥ -13	Moderate Kältebelastung	Frosttag bei Minimum <0 °C
-13 > UTCI ≥ -27	Starke Kältebelastung	Eistag bei Maximum <0 °C
-27 > UTCI ≥ -40	Sehr starke Kältebelastung	
< -40	Extreme Kältebelastung	

[*]der Unterbereich 18 ≤ UTCI ≤ 26 beschreibt den thermischen Komfortbereich

über 26 °C relativ schnell zu und ist auch mit gesundheitlichen Auswirkungen und einem erhöhtem Sterberisiko verbunden.

Diese Maßzahlen haben Bedeutung bei der Bewertung von extremen Wetterereignissen, wie sehr heiße Tage und heiße Tage (Tab. 2.1), können aber auch herangezogen werden, um positive und negative Effekte unterschiedlicher lokaler Klimate bewerten zu können. Damit ist auch ein quantitatives Maß gefunden, um in Extremsituationen Empfehlungen für gefährdete Menschengruppen zu geben.

2.3 Spezielle lokale Klimate

Lokale Klimate eignen sich besonders gut, um bei Menschen ein Empfinden für Unterschiede bei der Lufttemperatur, der Sonneneinstrahlung und der Wärmestrahlung zu entwickeln. Vielerorts wurden Klimawege eingerichtet, um diese Effekte zu verdeutlichen. Die in Bamberg anzutreffenden speziellen lokalen Klimate wurden im Jahr 2012 im Rahmen eines Klimawanderweges auf der Landesgartenschau erklärt [4]. Der Wanderweg ist inzwischen im Ökologisch-Botanischen Garten der Universität Bayreuth eingerichtet und es gibt dazu auch eine entsprechende Broschüre [5]. Aus beiden Materialien werden nachfolgend typische lo-

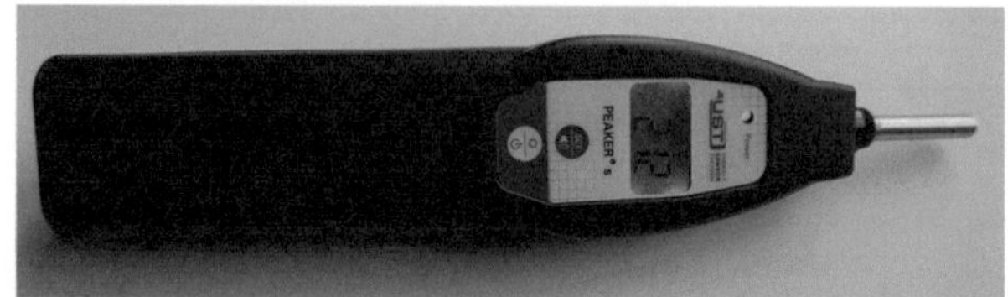

Abb. 2.1 Messfühler für die Lufttemperatur mit digitaler Anzeige der Firma UST Umweltsensortechnik in Geschwenda/Thür. Das Messelement befindet sich in einem doppelten ventilierten Strahlungsschutz. (Foto: Foken)

kale Klimate dargestellt. Daneben gibt es eine Reihe Fachbücher, in denen Entstehung und Wirkung lokaler Klimate wissenschaftlich umfassend erklärt sind [6–10].

Im Rahmen des von der Stadt Bamberg geförderten Projektes „*MitMachKlima*" wurde ein Temperaturfühler mit effektivem Strahlungsschutz entwickelt (Abb. 2.1, siehe auch Abschn. 4.1), der in größerer Stückzahl beim BUND in Bamberg ausgeliehen werden kann. Zusammen mit einer entsprechenden Anleitung [11] ermöglicht er es Bürgerinnen und Bürgern sowie Schulklassen, selbst lokale Klimate in ihrer Umgebung zu erkunden.

Stadtklima

Städte sind im Zeitalter der Erderwärmung in Deutschland die größten Sorgenkinder. Die hohe Verbauungsdichte und die Vielzahl versiegelter, vegetationsloser Flächen führen zu einer erheblichen Strahlungsabsorption und Wärmespeicherung am Tag. Diese Stadtteile (beispielhaft in Abb. 2.2 gezeigt) heizen sich bei entsprechenden Wetterlagen durch die hohe Wärmekapazität von Steinen, Asphalt, Beton und Gebäuden besonders stark auf und sind auch nachts deutlich milder als begrünte, wenig versiegelte Stadtteile, offene Parks oder das ländliche Umland (Abschn. 5.4 mit konkreten Beispielen für Bamberg und Bayreuth). Auch wenn die Abendstunden in einer Stadt noch angenehm warm sein können und von Nachtschwärmern geliebt werden, so sind es gerade diese hohen Nachttemperaturen, die einem entspannten Schlaf bei Temperaturen über 20 °C abträglich sind. In Hitzeperioden beginnt die tägliche

Abb. 2.2 Die (fast) baumlose Friedrichstraße in Bayreuth ist ein Beispiel dafür, wie Stadtklima wirkt, indem an sonnigen Sommer- oder Hitzetagen der Aufenthalt unangenehm wird und kühlere Stadtteile bevorzugt werden. (Foto: Lüers)

Erwärmung somit auf einem höheren Niveau als in der Umgebung, womit am Tage sehr hohe Temperaturen auftreten können. Oft fehlt es an Grünflächen, die – falls sie bewässert wären – durch Verdunstung eine räumlich begrenzte Abkühlung schaffen würden – und vor allem fehlt es an einem schattenspendenden Baumbestand, der hohe Temperaturen etwas erträglich machen würde. Bauliche Maßnahmen, die eine gewisse Milderung schaffen können, sind Dach- und Fassadenbegrünungen, eine effektive Wärmedämmung der Gebäudeaußenseiten sowie Baumaterialien, die Sonnenstrahlung nach oben reflektieren oder eine geringe Wärmekapazität haben. Beispielhafte Messungen zum Stadtklima im Sommer siehe Abschn. 5.4. Bauliche Veränderungen sind gerade in historischen Stadtkernen nur eingeschränkt möglich. Bamberg gehört aber neben Görlitz, Lübeck, Meißen, Regensburg und Stralsund zu den „historischen Städten in Deutschland", wo es durchaus machbare Beispiele für eine Anpassung an den Klimawandel gibt [12].

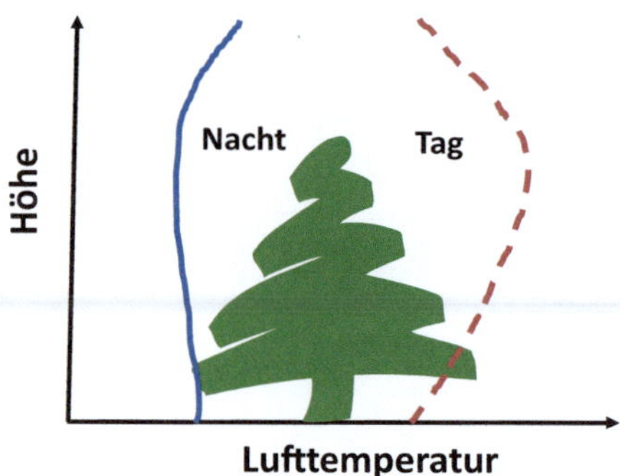

Abb. 2.3 Temperaturverlauf in und über dem Wald am Tag und in der Nacht, aus [15]

Waldklima

Gerade das Waldklima empfinden wir an heißen Sommertagen als besonders angenehm. Am Tag erwärmt sich vor allem der belaubte oder benadelte Kronenraum. Die dort erwärmte und folglich leichte Luft kann nur in sehr geringem Maße in den Stammraum absinken, meist nur im Zusammenhang mit kleinen Windböen. Der Luftaustausch zwischen Stammraum und der Luft über der Krone ist durch eine sogenannte Entkopplung weitgehend unterbunden [13]. Somit bleibt es im Stammraum und auf Waldwegen angenehm kühl, meist einige Grad gegenüber dem Waldrand [14], also ideale Bedingungen an heißen Sommertagen (Abb. 2.3). In der Nacht findet die Abkühlung des Kronenraumes durch Wärmestrahlung nach oben statt (siehe auch Abb. 1.3). Die im Kronendach entstehende kühle und schwerere Luft sinkt mit geringer Verzögerung in den Stammraum und die Temperaturen gleichen sich an, sodass weitgehende Isothermie (Lufttemperatur bleibt mit der Höhe gleich) im Wald herrscht. Dennoch empfinden wir in der Nacht den Wald gegenüber dem Waldrand als angenehm warm, da die Bäume im Gegensatz zur offenen Landschaft die Wärmeabstrahlung vom Boden in die Atmosphäre verringern (siehe Abschn. 2.1). Für das Wärmeempfinden der Menschen ist die Temperaturdifferenz zwischen der Hauttemperatur (ca. 32 °C) und der Temperatur der Luftschicht über uns bzw. im Wald der Temperatur des Kronenraumes maßgeblich. Die oft vorhandene Windstille im Stammraum unterstützt dieses Empfinden (geringer Windchill). Außerhalb des Waldes wirkt dagegen die wesentlich niedrigere Temperatur der Luftsäule inkl. Treibhausgase und ggf. der Wolken und die dadurch erzeugte atmosphärische Wärmestrahlung, sodass der Mensch ein Kälteempfinden hat. Oberfranken und einige seiner Städte sind in der glücklichen Lage, dass sie von Wäldern umgeben sind, die gerade an warmen Tagen zu Spaziergängen und Freizeitsport einladen. Die Pflege und die Neuaufforstung in diesen Waldgebieten sind somit eine vorrangige Aufgabe und jede Erweiterung der Waldgebiete durch Aufforstung mit Klimawandel angepassten Baumarten wäre wünschenswert. Weiterhin sollten artenreiche, nicht gedüngte, eventuell extensive beweidete Wiesen, Weiden oder Streuobststandorte nicht nur als mögliche Gebiete zu Kalt- und Frischluftbildung zusätzlich erhalten bleiben.

Ein funktionstüchtiger Wald in Mitteleuropa hat in Verbindung mit dem Waldboden durch sein Wasserspeichervermögen und die Fähigkeit, Kohlenstoffdioxid aus der Atmosphäre in der Biomasse zu binden, eine wichtige Rolle im Klimasystem. Ein gesunder Wald in unserer Klimazone ist ein natürlicher Speicher von Kohlenstoff, indem er mehr Kohlenstoff aus der Atmosphäre aufnimmt, als er durch die mikrobielle Zersetzung im Boden von abgestorbener Biomasse wieder freisetzt. Wälder, die durch die Klimaänderung (Wuchsbedingungen außerhalb der biologischen Spannbreite, Extremwetter, eingeschleppte Schädlinge oder Krankheiten), durch Forstwirtschaft oder falsche Bejagung geschädigt sind, verlieren ihre kohlenstoffsenkende Rolle. Der Schutz der Wälder ist somit gleichzeitig Klimaschutz und ein hoher Waldanteil in einer Region ist ein effektiver Beitrag zum Erhalt des Erdklimas. Bei der Waldnutzung ist zu beachten, dass diese durch Ausdünnung von bis zu einem Drittel der Bäume und Wiederaufforstung geschehen sollte. Nur so bleibt die Speicherwirkung des Waldes erhalten, denn bei einem Kahlschlag würde erst einmal 10 bis 20 Jahre lang der Kohlenstoff aus dem Boden und Totholz freigesetzt. Beim Waldumbau durch Ausdünnung klimagefährdeter Arten und, wo möglich, durch gleichzeitige Naturverjüngung oder ggf. Aufforstung mit genetisch auf den Ort abgestimmten Arten oder Unterarten könnte der im Boden freigesetzte Kohlenstoff wieder assimiliert werden, jedoch nur mit großer zeitlicher Verzögerung. Der Aufbau von neuer Biomasse als Kohlenstoffspeicher, um die verlorene Biomasse

(Verbrennung von Holz oder generell rezenter Biomasse) oder um die mikrobielle CO_2-Freisetzung vor Ort wieder auszugleichen, braucht in unseren Waldökosystemen oft viele Jahrzehnte oder ist durch die klimatischen Veränderungen unter Umständen gar nicht mehr möglich und ist damit keine Kompensation für die Freisetzung von rezentem CO_2.

Der Abbau von Totholz oder von Blatt- und Nadelfall durch die Mikroorganismen inkl. Pilzen auf oder im Waldboden hat nicht nur für die Nährstoffaufbereitung zur Versorgung der Bäume Bedeutung, sondern kann den Humusgehalt und damit den gebundenen Kohlenstoffanteil aufrechterhalten oder unter guten Umweltbedingungen erhöhen. Somit haben naturbelassene Wälder eine mehrfache Klimafunktion, sie speichern Kohlenstoff in der oberirdischen Biomasse und im Boden. Durch den damit verbundenen hohen Humusanteil sind sie weniger anfällig gegen Trockenheit und machen den Wald widerstandsfähiger in einem sich verändernden Klima [16]. Als Richtwert kann angesetzt werden, dass 10 ha intakter Wald etwa 100 t Kohlenstoffdioxid pro Jahr aufnehmen kann, was gegenwärtig einer Emission von etwa 10 bis 15 erwachsenen Personen in Deutschland entspricht. Folglich kann mit einzelnen Bäumen noch kein merklicher Beitrag zum Klimaschutz geleistet werden. Klimaschutz mit einer nachweislichen Wirkung, allerdings erst in mehreren Jahrzehnten, ist das Anpflanzen einer Vielzahl an Bäumen, obwohl natürlich jeder einzelne Baum auch zählt. Demgegenüber sind Ackerkulturen und intensiv genutzte Wiesen in der Regel Kohlendioxidquellen. Nur extensiv genutzte Wiesen mit nur 1 bis 2 Mahden pro Jahr können auch Kohlenstoff speichern, diese bedürfen somit des gleichen Schutzes wie Waldgebiete [17].

Parkklima

Ein Park soll mindestens zwei klimatische Funktionen haben: Er sollte, wenn möglich, kühle Luft an die umgebenden Stadtgebiete abgeben und an heißen Tagen angenehme Temperaturen aufweisen. Dazu müssen Parks relativ groß sein (Ausdehnung in alle Richtungen mindestens 500 m ohne Bebauungen) und viele offene Flächen besitzen, die sich in der Nacht abkühlen und dann Kaltluftspenden an die angrenzenden

Stadtgebiete abgeben können [18], allerdings nur dann, wenn die Kalt-luftbildung ausreichend groß ist und durch begrünte Streifen in Teile der Umgebung auch einfließen kann. In trockenen Perioden muss allerdings gewährleistet sein, dass Parks bewässert werden können, denn feuchte Flächen bleiben kühl, während sich trockene stark erhitzen. Daneben sollten Baumgruppen ausreichend Schatten spenden. „Englischer Garten" ist ein Typ des Landschaftsgarten mit Baumgruppen in einer offenen Wiesenlandschaft, wie er in England üblich ist.

Das Bamberger Haingebiet kommt dieser Forderung in vollem Umfang nach (Abb. 2.4). In diesem Sinne profitiert insbesondere das Hain-Wohngebiet von der Kaltluft des Hains. Die Auswirkungen auf die Innenstadt sind aber eher gering. Der Hofgarten in Bayreuth ist leider recht schmal, sodass die Frischluft nicht einmal die angrenzenden Häuser kaum beeinflusst.

Abb. 2.4 Im Bamberger Hain, Blick aus dem Botanischen Garten zum Hain-weiher. (Foto: Bürgerparkverein Bamberger Hain e. V.)

Kleine Parks in Häuserlücken und an Straßen- oder Flussrändern sind im Stadtbild sehr beliebt und an heißen Sommertagen auch willkommen. Als Schattenspender sind derartige Baumgruppen wie auch Straßenbäume unerlässlich.

Biergartenklima oder „Keller-Klima"

Das Biergartenklima ist eine typische oberfränkische Klimaform und bildet sich unter großen Bäumen aus, unter denen Biertische und Bänke stehen. Es ist eine gelungene Kombination aus Wald- und Parkklima. Ein möglichst geschlossener, aber nicht zu dichter Baumbestand sorgt dafür, dass die Temperaturen zum Trinken und Essen niedriger bleiben als in der freien oder bebauten Umgebung, und ist als Schattenspender willkommen. Auch helfen Mauern und Hecken, damit keine heiße Luft aus der offenen oder bebauten Umgebung einfließen kann. Es schadet auch nicht, wenn der Baumbestand etwas lockerer ist und einige Sonnenstrahlen bis an die Biertische gelangen. Der Luftaustausch zwischen dem Stammraum und der Luft über den Kronen ist durch eine sogenannte Entkopplung weitgehend unterbunden [13]. Der Aufenthalt in diesen Biergärten ist bis spät abends möglich, denn die Gäste empfinden es unter dem schützenden Kronendach wärmer (siehe Abschn. 2.1) – ganz in Analogie zu den Verhältnissen im Wald. Ein typisches Beispiel für einen derartigen Garten, von denen es insbesondere in Bamberg und Umgebung viele gibt, ist der Wilde-Rose-Keller (Abb. 2.5).

Spielplatzklima

Wie das Keller-Klima ist natürlich auch das Spielplatzklima kein meteorologischer Fachbegriff im eigentlichen Sinn. Wenn wir durch unsere Städte gehen, so ist die Nutzung des Parkklimas für Spielplätze, wie auf der ERBA-Insel in Bamberg realisiert (Abb. 2.6), eher die Ausnahme. Dieser Spielplatz ist zweigeteilt in einen offenen Wasserspielplatz, der sich durch die vorhandenen Wasserflächen nicht überhitzt, und einen schattigen Klettergarten, der geringfügig kühler als die Umgebung ist.

Häufig finden sich Spielplätze an Stellen, die für keinen anderen Zweck nutzbar sind. Dies sind oft ungeeignete Flächen zwischen Häusern ohne

Abb. 2.5 Wilde-Rose-Keller. (Foto: Wilde-Rose-Keller)

jeglichen Sonnenschutz oder Senken- oder Muldenstrukturen in der Landschaft. In solchen abgesenkten Spielplätzen sammelt sich Kaltluft, sodass sie am frühen Abend bereits kühl sind und am Morgen länger bis zur Erwärmung brauchen. Die Sonneneinstrahlung erreicht diese Plätze erst bei hohen Sonnenständen – im Winter oft gar nicht. Die tief-erliegenden Flächen bieten zwar einen Windschutz, doch die schwache Luftbewegung führt nur zu einer geringeren Verdunstung, zudem kann sich dort oft Regenwasser ansammeln und es ist ausgesprochen feucht und zum Spielen ungeeignet. Nur an sehr heißen Tagen mit hoher Sonneneinstrahlung und wenig Luftbewegung ist es dort warm, meist dann sogar unangenehm heiß. Ein bescheidener Vorteil wäre es, dass in der Nacht die Wärmeabstrahlung von den Seitenhängen ein stärkeres Auskühlen verhindern könnte, wenn nicht in der Regel Kaltluft ungehindert in die Senke fließen würde.

Städteplanerisch ist es eine Herausforderung, Spielplätze und Kindergärten so anzulegen, dass zu den typischen Spielzeiten der Kinder opti-

Abb. 2.6 Spielplatz auf der ERBA-Insel in Bamberg. (Foto: Foken)

male bioklimatische Verhältnisse vorhanden sind. Dabei haben schattenspendende Bäume höchste Priorität. Wenn diese noch klein sind, müssen sie zeitweise durch Sonnensegel ersetzt werden.

Strahlungsklima

Auf geneigten und nach Süden ausgerichteten Flächen scheint in unseren Breiten die Sonne zeitweise sogar senkrecht, sodass relativ viel Energie an Pflanzen und Boden übertragen wird. Daher werden derartige Standorte für wärmeliebende Pflanzen – wie in Franken für den Wein – besonders bevorzugt. Der im Zuge der Landesgartenschau 2012 bereits 2009 wieder errichtete historische klösterliche Weinberg am Südhang des Michaelsberges in Bamberg ist ein Beispiel dafür (Abb. 2.7). In der Nacht können diese Flächen durch ihre offene Lage stark auskühlen. Wichtig ist

Abb. 2.7　Weinberg am Michaelsberg in Bamberg im Jahr 2012. (Foto: Förderverein zur Nachhaltigkeit der Landesgartenschau Bamberg 2012 e. V.)

aber auch ein Schutz vor kalten Winden aus Nordwest bis Ost, sodass Südhänge an geschützten Talhängen besonders bevorzugte Standorte sind.

Die Intensität der einfallenden kurzwelligen Strahlung ist immer dann besonders groß, wenn die Lichtstrahlen senkrecht auf eine Fläche fallen. Abb. 2.8 zeigt, dass ein gleiches Strahlenbündel bei senkrechtem Einfall eine deutlich kleinere Fläche bestrahlt als das gleiche Bündel bei schrägem Einfall. Die Flächen mit senkrechtem Einfall, wie beispielsweise ein Weinberg, bekommen also mehr Energie pro Fläche und können sich stärker erwärmen. Diese Tatsache wird auch bei der Aufstellung von Solaranlagen genutzt. Der Aufstellungswinkel hängt von der geografischen Breite und der Sonnenhöhe in Jahreszeiten ab, in denen ein besonders hohes Sonnenscheinpotenzial erwartet wird. Aufwendigere Solaranlagen drehen über eine automatische Steuerung die Kollektoren

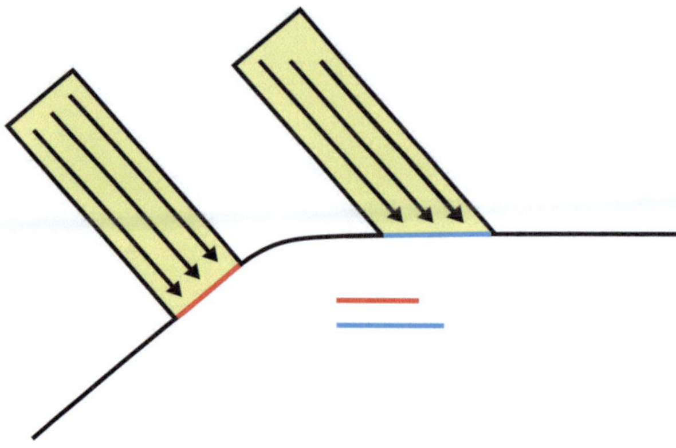

Abb. 2.8 Schematische Darstellung von senkrechtem (links) und schrägem (rechts) Einfall der Sonnenstrahlen auf eine Fläche [5]. Bei gleichem Säulenquerschnitt, der einer gleichen Energiemenge entspricht, verteilt sich die Energie bei senkrechtem Einfall auf eine kleinere Fläche als bei schrägem Einfall. (© Ökologisch-Botanischer Garten der Universität Bayreuth)

immer so in die Sonne, dass weitgehend immer nur ein senkrechter Einfall der Strahlen ermöglicht wird.

Steingartenklima

Das „Steingartenklima" ist eine besondere Form des Strahlungsklimas. Im Steingarten werden gleich mehrere Phänomene ausgenutzt, um ein besonders warmes und trockenes Klima zu erzeugen. Die Steine dienen dabei als Wärmespeicher, da sie sich bei Sonneneinstrahlung stark erwärmen können und es in der Nacht länger braucht, um diesen Wärmeüberschuss abzugeben, und somit eine zu starke Auskühlung verhindert wird. Ein Garten mit Gefälle unterstützt diese Prozesse noch. Der Steingarten sollte nach Süden bis Südwesten offen sein, um volle Sonneneinstrahlung zu ermöglichen, aber auch Schutz gegen kalte Winterwinde aus Nordosten bieten. Ganz windgeschützt sollte er nicht sein, damit ausreichend Wasser verdunsten kann und der Steingarten sein trocken-warmes Lokalklima erhält (Abb. 2.9).

Der Steingarten ist ein sehr schönes Beispiel, wie lokales Klima optimal ausgenutzt werden kann, um Wärme und Trockenheit liebenden Pflanzen

Abb. 2.9 Steingarten im Ökologisch-Botanischen Garten der Universität Bayreuth [5]. (Foto: Lauerer, Ökologisch-Botanischer Garten der Universität Bayreuth, 2016)

und Tieren auch in unseren Breiten optimale Lebensbedingungen zu geben. Die Nutzung von Steinwällen zur Veränderung des lokalen Klimas ist den Menschen von alters her bekannt. In trockenen Erdregionen schützen Steinwälle in der Hauptwindrichtung vor einer zu hohen Verdunstung und liefern noch ausreichend Wärme in den Nachtstunden.

Seenklima

An Flüssen und Seen in Oberfranken kann sich ein typisches Seenklima ausbilden. Die Wärmekapazität von Wasser ist besonders hoch. Es dauert daher sehr lange, bis es sich erwärmt, es braucht aber ebenfalls lange, bis diese Wärme durch Wärmestrahlung wieder abgegeben wird. Somit sind Wasserflächen im Frühjahr noch lange kühl, im Herbst und Frühwinter dagegen noch länger warm. Dieser Effekt ist umso stärker, je größer die

Wasserfläche ist. Das hat unmittelbare Wirkung auf das Lokalklima in Nähe der Gewässer mit in Relation kühleren Temperaturen im Frühjahr und am Tag und höheren Temperaturen im Herbst und in der Nacht. Durch den hohen Wasserdampfgehalt der Luft und das zeitige Einsetzen von Kondensation und Taufall sind Bereiche nahe von Gewässern etwas weniger frostgefährdet. Diese Besonderheit ist bei Anpflanzungen zu beachten. Im Frühjahr sollten wärmeliebende Pflanzen möglichst nicht an Gewässern stehen, jedoch Pflanzen, die noch lange in den Herbst hinein blühen sollen.

Ist im Herbst und im Frühjahr nach einigen sonnenscheinreichen Tagen das Wasser in den Morgenstunden mehr als 10 °C wärmer als die darüberstreichende kältere Luft, dann lösen sich von der erwärmten Wasseroberfläche warme Luftwirbel ab, wobei in der darüber liegenden kalten Luftschicht der Wasserdampf rasch kondensiert und sich rauchartiger Nebel (Seerauch) ausbildet (Abb. 2.10). Seerauch reicht nur wenige

Abb. 2.10   Seerauch am Main-Donau-Kanal bei Bischberg. (Foto: Foken)

Meter hoch. Das Phänomen kann an Teichen, Seen, aber auch überall an den Flussläufen in Oberfranken beobachtet werden. Der Seerauch kann auch über dem Meeren auftreten und kleinere Schiffe können darin unsichtbar verschwinden.

Lokalklima in Gärten und auf landwirtschaftlichen Flächen

Zum Weltkulturerbe der Stadt Bamberg gehört auch die Gärtnertradition und innerstädtische Gärtnergebiete sind in diesem Zusammenhang mit dem Weltkulturerbe sogar geschützt. Typisch sind dafür Flächen von wenigen Hektar Größe, die von Gebäuden eingeschlossen sind. Die Ausdehnung von kaum mehr als 100 m bieten optimalen Schutz gegen Wind, wodurch sich die Austrocknung des Bodens reduziert und bei trockenem Boden die Erosion. Die Flächen sollen ausreichend Strahlung von der Sonne erhalten, ohne dass schattige Stellen völlig vermieden werden. An den stärker von der Sonne beschienenen Flächen können in der Regel wärmeliebende Pflanzen angebaut werden. Oft sind diese dann aber auch frostgefährdet, da das Gelände doch relativ offen ist. Hecken, Büsche und Sträucher in angemessenem Abstand können in der Nacht die zu große Wärmeabstrahlung und damit Frostgefährdung vermindern. Durch die geringen Windgeschwindigkeiten in Hecken- und Gebüschnähe wird auch die Verdunstung reduziert. Damit sind diese Flächen in der Regel feuchter, insbesondere an der Schattenseite mit dem Nachteil einer stärkeren Moosbildung. Der Windschutz ist auf alle Fälle sinnvoll von Nordwest über Nord bis Ost, um vor kalten Winden im Winter zu schützen.

Dagegen sind die Gärtnergebiete im Norden der Stadt wie auch vielerorts landwirtschaftlich genutzte Flächen eine offene Landschaft und mit nur wenigen Bäumen und Sträuchern besetzt. Da keine Windschutzstreifen vorhanden sind, kann der Wind nahezu ungehindert wehen. Zusammen mit der hohen Sonneneinstrahlung kann die Verdunstung besonders groß werden, den Boden austrocknen und bei fehlender Pflanzendecke durch Winderosion wegtragen. Durch gezielte Windschutzstreifen, wie sie bei derartigen Flächen im Norden Deutschlands üblich sind, kann hier das Lokalklima weiter optimiert werden. Diese Streifen haben typische Abstände in Hauptwindrichtung von ca. 100 m. Dies ist genau der Abstand, bis nach dem Windschatten hinter dem Windschutzstreifen der Wind in voller Stärke den Boden wieder erreicht. Ebenfalls verdunstungsmindernd wirkt sich Agri-PV aus [19]. Das sind hochbeinige Photovoltaikanlagen, die den Wind reduzieren, Schatten werfen und die Bodenerosion durch Starkregen vermindern und unter denen eine landwirtschaftliche Nutzung wie Beweidung oder Gemüseanbau möglich ist.

Große, freie Agrarflächen sind in klaren, windstillen Nächten – speziell im Frühling – besonders stark frostgefährdet. Ursache ist die ungehinderte Wärmeabstrahlung des Bodens. Hier kühlt sich die bodennahe Luft stärker ab als unter Bäumen oder in bebauten Gebieten. Kann noch bei Geländegefälle Kaltluft einfließen, wird der Effekt zusätzlich verstärkt. Besonders hoch ist die Nachfrostgefahr, wenn trockene Kaltluft aus dem hohen Norden nach Oberfranken einströmt (z. B. Eisheilige). Empfindliche Kulturen können kurz vor Frostbeginn mit Wasser eingesprüht werden, dann gefriert zuerst der Wasserfilm, bevor Blüten und Blätter erfrieren können. Üblich sind auch kleine Öfen, die im Wein- und Obstbau eingesetzt werden. Leider sind die Eisheilgen nicht durch den Klimawandel abgeschwächt und kommen wie immer Anfang Mai, obwohl die Pflanzenentwicklung gegenwärtig bereits zwei Wochen verfrüht ist (siehe Abschn. 6.9).

In Tallagen oder Flussläufen kann z. B. durch erhöhte Feuchtigkeit schon bei positiven Temperaturen Nebelbildung einsetzen und es kommt meist nicht zu Frost, da die Abkühlung an der Obergrenze des Nebels stattfindet.

Für Gärtnerinnen und Gärtner ist der für den Klimawandel wichtige Treibhauseffekt allgegenwärtig. Zeigt doch das Gewächshausklima im Kleinen, wie der Klimawandel funktioniert: Sonnenstrahlung durchdringt das Glas oder die Atmosphäre weitgehend ungeschwächt. Im Gewächshaus wird diese Strahlung absorbiert und dann als nicht sichtbare infrarote Wärmestrahlung abgegeben. Ist das Glashaus geschlossen, kann die erwärmte Luft und ein Teil der Wärmestrahlung nicht heraus, was als Analogie die Treibhausgase in der Erdatmosphäre symbolisiert.

Wie es im Treibhaus unerträglich heiß werden kann, so heizt sich durch den Klimawandel auch die Erde zunehmend auf. Beim Gewächshaus kann durch außen angebrachte Jalousien der Einfall von Sonnenstrahlung reduzieren werden oder durch Öffnung der Fenster warme Luft entweichen. Beim Erdklima gibt es diese Möglichkeiten nicht, es bleibt nur die Lösung die Emission von Kohlenstoffdioxid und anderen Treibhausgasen zu verhindern.

Literatur

1. Jendritzky G, Metz G, Schirmer H, Schmidt-Kessen W (1990) Methodik zur raumbezogenen Bewertung der thermischen Komponente im Bioklima des Menschen. Beitr Akad Raumforsch Landschaftsplan 114:80 S
2. Bröde P, Blazejczyk K, Fiala D, Havenith G, Holmér I, Jendritzky G, Kuklane K, Kampmann B (2013) The Universal Thermal Climate Index UTCI compared to ergonomics standards for assessing the thermal environment. Ind Health 51(1):16–24. https://doi.org/10.2486/indhealth.2012-0098
3. VDI (2022) Umweltmeteorologie: Methoden zur human-biometeorologischen Bewertung der thermischen Komponente des Klimas (Environmental meteorology – Methods for human-biometeorological evaluation of the thermal component of the climate), VDI 3787, Blatt 2. Beuth, Berlin
4. Foken T (2012) Klimawanderweg auf der Landesgartenschau in Bamberg 2012. Arbeitsergebn, Univ Bayreuth, Abt Mikrometeorol, ISSN 1614-8916 50:34
5. Foken T, Lüers J, Aas G, Lauerer M (2016) Unser Klima – Im Garten, im Wandel. Ökologisch-Botanischer Garten der Universität Bayreuth, Bayreuth
6. Bendix J (2004) Geländeklimatologie. Borntraeger, Berlin/Stuttgart
7. Foken T (2013) Energieaustausch an der Erdoberfläche. Edition am Gutenbergplatz, Leipzig. https://doi.org/10.15495/EPub_UBT_00006722
8. Foken T, Mauder M (2024) Angewandte Meteorologie, Mikrometeorologische Methoden, 4. Aufl. Springer-Spektrum, Berlin/Heidelberg. https://doi.org/10.1007/978-3-662-68333-0
9. Henninger S, Weber S (2020) Stadtklima. Verlag Ferdinand Schöningh, Paderborn
10. Oke TR, Mills G, Christen A, Voogt JA (2017) Urban Climates. Cambridge University Press, Cambridge. https://doi.org/10.1017/9781139016476
11. Foken T (2025) Klimawandern – Lokales Klima erlebbar machen. Stadt Bamberg, Bamberg

12. arge (2023) Historische Städte in Zeiten des Klimawandels. Arbeitsgemeinschaft Historische Städte, Meißen

13. Thomas C, Foken T (2007) Organised motion in a tall spruce canopy: temporal scales, structure spacing and terrain effects. Boundary-Layer Meteorol 122:123–147. https://doi.org/10.1007/s10546-006-9087-z

14. Hübner J, Siebicke L, Lüers J, Foken T (2017) Forest climate in vertical and horizontal scales. In: Foken T (Hrsg) Energy and Matter Fluxes of a Spruce Forest Ecosystem, Ecological Studies, Bd 229. Springer, Cham, S 331–353. https://doi.org/10.1007/978-3-319-49389-3_14

15. Foken T (2025) Bamberg im Klimawandel, 2. Aufl. Books on Demand GmbH, Norderstedt

16. Herbst M, Mund M, Tamrakar R, Knohl A (2015) Differences in carbon uptake and water use between a managed and an unmanaged beech forest in central Germany. For Ecol Managem 355:101–108. https://doi.org/10.1016/j.foreco.2015.05.034

17. Riederer M, Kuzyakov Y, Foken T (2014) Extensiv genutzte Wiesen als Kohlenstoffspeicher. Der Siebenstern 83:108–109

18. Spronken-Smith RA, Oke TR (1998) The thermal regime of urban parks in two cities with different summer climates. Int J Remote Sensing 19:2085–2104

19. Foken T, Goldberg V (2024) Welche Möglichkeiten gibt es, die Verdunstung zu reduzieren. In: Lozán J, Graßl H, Kasang D, Quante M, Sillmann J (Hrsg) Warnsignal Klima: Herausforderung Wetterextreme. Wissenschaftliche Auswertungen, Hamburg, S 284–287. https://doi.org/10.25592/warnsignal.klima.wetterextreme.48

3

Oberfranken

Oberfranken als nordöstlicher Regierungsbezirk Bayerns ist kulturhistorisch außerordentlich interessant, siedelten doch bereits vor 7000 Jahren Menschen auf dem Staffelberg und etwa im Jahr 1000 v. Chr. gab es dort eine keltische Siedlung, deren Ringwall noch erhalten ist. Klosteranlagen wie Ebrach und Vierzehnheiligen prägen die christliche Zeit und die Schlösser der Markgräfin Wilhelmine von Bayreuth und der Bamberger Fürstbischöfe sind beliebte Touristenziele. Dichter der Romantik wie *Jean Paul* (1763–1825) und *E. T.A Hoffmann* (1776–1822) sind mit der Gegend eng verbunden und *Richard Wagner* (1813–1883) verdankt Bayreuth sein touristisches Highlight. Vielleicht weniger bekannt ist, dass *Alexander von Humboldt* (1769–1859) als Oberbergmeister in Goldkronach (1792–1795) seine wissenschaftliche Laufbahn begann [1].

Die Lage Oberfrankens im Südwestdeutschen Schichtstufenland macht es auch meteorologisch und klimatologisch abwechslungsreich, denn gerade die „Stufen" wirken sich nachhaltig auf Wetter und Klima aus. Bei einer Schönwetterlage mit konvektiver Neigung sind die typischen Kumuluswolken bevorzugt am Westabhang des Steigerwalds, am Westabhang der nördlichen Frankenalb (Albtrauf) und über dem Fich-

T. Foken, J. Lüers, *Oberfranken im Klimawandel*,
https://doi.org/10.1007/978-3-662-71651-9_3

telgebirge weithin erkennbar. Im Luv dieser oft steilen Anstiege fällt deutlich mehr Regen, während die Leeseiten trocken und relativ warm sind. Die kühlste Gegend Bayerns ist das Bayerische Vogtland bei Hof, während Bamberg zu den wärmsten Städten Bayerns gehört. Doch der Klimawandel hat zu sehr unterschiedlichen und teilweise markanten Veränderungen geführt und wird dies auch weiter tun.

Vor der Darstellung des oberfränkischen Klimas wird nachfolgend eine kurze Beschreibung der naturräumlichen Gliederung gegeben (Abb. 3.1), um die klimatischen Unterschiede besser einordnen zu können.

Abb. 3.1 Naturräumliche Gliederung Oberfrankens mit den meteorologischen Messstationen, die der vorliegenden Untersuchung zugrunde liegen. (Abbildung: Schwieger, Universität Bamberg)

3.1 Steigerwald mit Vorland

Die Kulturlandschaft Steigerwald mit Vorland erstreckt sich südlich des Mittelmaintals von Bamberg (Regnitz) im Osten bis zum Maindreieck über Schweinfurt im Nordwesten und Kitzingen im Südwesten. Nach Süden und Osten schließt der Verlauf der Aisch (Neustadt a. d. Aisch, Bad Windsheim) bzw. die Regnitz im Osten die Naturraumeinheit Steigerwald und Vorland ab. Das markanteste Landschaftsbild ist die steil ansteigende Stufe des Steigerwaldtraufs mit Obst- und Weinbau und die nach Osten (Regnitztal) abfallende, waldreiche Steigerwaldhochfläche. Nach Westen hin schließen sich die überwiegend flachwelligen bis hügeligen Mainfränkischen Platten (Muschelkalk) als eigenständige Naturraumeinheit an, geprägt durch das Tal des Mittelmains und landwirtschaftlich begünstigte Gäulandschaften. Die ganze Region ist Teil des *Fränkischen Keuper-Lias-Landes*, welches wiederum einen wesentlichen Teil der naturräumlichen Haupteinheitengruppe des *Südwestdeutschen Schichtstufenlandes* in Oberfranken, Mittel- und Unterfranken ausmacht.

Die zwar unterschiedlichen Teilräume vom Maintal (190 m ü. NHN) über den Steigerwaldtrauf auf die Hochfläche (500 m ü. NHN) werden aufgrund ihrer historisch eng verzahnten Nutzung als Einheit betrachtet und zeigen den typischen Aufbau des Keuperberglandes als Teil des Fränkischen Keuper-Lias-Schichtstufenlandes [2]. Die steile Stufe vom Maintal auf die Keuperplatte (bis zu 300 m Höhenunterschied) ist auch sehr wahrscheinlich für die Namensgebung des Steigerwalds aus dem 12. Jahrhundert maßgebend. Der Name weist auf eine ansteigende Höhe oder einen Wald in einer erhöhten, aber schwer zugänglichen Region hin.

3.2 Bamberger Main- und Regnitztal

Die Kulturlandschaft des Bamberger Main- und Regnitztals umfasst die nördlichen Teile des *Mittelfränkischen Beckens* und ist geprägt durch den weiten Talraum beider Flüsse zwischen der Abdachung der Keuperstufe des Steigerwalds im Westen und der Haßberge im Norden und den nördlichen Ausläufer der Fränkischen Alb (Frankenalb, Frankenjura) in

Osten. Die Region als fluviales Vorland der Frankenalb ist wie der Steigerwald mit Vorland im Westen Teil des Fränkischen Keuper-Lias-Landes und liegt fast in der Mitte des Südwestdeutschen Schichtstufenlandes. Die Landschaft ist geomorphologisch durch die Eingrabung der Flüsse Main und Regnitz geformt worden und zeigt sich heute als Schwemmlandschaft mit flachen bis sanft welligen Oberflächenformen auf Auenlehmen sowie Terrassensanden und Flussschottern. Die im Norden (nördlich des Mains) durch die Haßberge noch durch steilere Geländeformen begrenzte Landschaft flacht sich nach Süden hin aus. Randlich ragen die Kuppen und Hügelketten der angrenzenden Gebirge Steigerwald im Westen, Frankenalb im Osten und Schwäbische Alb in Südwesten auf und begrenzen die Täler von Main und Regnitz [2].

Bamberg selbst liegt in dem weiten Talkessel des Unterlaufs der Regnitz in nahezu Nord-Süd-Ausrichtung, der nach Norden seine Fortsetzung in das Maintal findet. Westlich wird der Bamberger Talkessel (260 m ü. NHN) wie beschrieben durch den Steigerwald (500 m ü. NHN) und östlich in etwa 10 km Entfernung durch den Trauf (Schichtstufe) des Fränkischen Jura (Frankenalb, 600 m ü. NHN) begrenzt.

3.3   Coburger Land (Itz-Baunach-Hügelland)

Das Coburger Land bzw. das Itz-Baunach-Hügelland liegt an der nördlichen Grenze des Fränkisches Keuper-Lias-Landes an der Nahtstelle der Keuper- zur Liasstufe (Wechsel Obertrias zum Unterjura, vor 200 Mio. Jahren, fünftgrößtes Massenaussterben der Erdgeschichte). Es liegt innerhalb des Südwestdeutschen Schichtstufenlandes in Franken und stellt die Grenze zum *Thüringisch-Fränkischen Mittelgebirge* (Erdaltertum, Schiefergebirge, Grauwacke, Granit, Diabas) nord- und ostwärts dar. Das Coburger Hügelland erstreckt sich rechts und damit nördlich der hinzugerechneten Mainaue zwischen Lichtenfels und Bamberg im Südosten und den Haßbergen im südlichen Westen. Im östlichen Norden reicht das von den namensgebenden Flüssen Itz und Baunach zertalte Gebiet über Coburg bis zum Aufstieg des Thüringisch-Fränkischen Mittelgebirges im Norden und Osten (Gebirgsabschnitt *Frankenwald*). Das Coburger Land hat ein stark abwechslungsreiches Relief und die Ausläufer der Bruchschollenzone der Gesteine aus dem Jura (Lias, Dogger), Gips und Sandsteine aus dem Keuper, aus Muschelkalk bis zum Bundsandstein sind bei ständigem Wechsel zwischen Höhenzügen, Hügeln und Tälern überformt worden zu einer welligen Landschaft in Höhenlagen zwischen 300 m ü. NHN und einzelnen größeren Erhebungen und Höhenrücken bis 525 m ü. NHN [2].

3.4   Nördliche Frankenalb (Fränkischer Jura)

Die Kulturlandschaft Nördliche Frankenalb oder Fränkischer Jura ist der nördlichste Teil des Mittelgebirgszuges der Schwäbisch-Fränkischen Alb der sich bogenförmig aus dem Südwesten als nördliche Abgrenzung zur großen Donautalsenke über Ulm um Nürnberg herumzieht und nach Norden abbiegt und das Mittelfränkische Becken (Main/Regnitz/Rednitz-Senken) Richtung Osten abgrenzt. Der schmale Süd-Nord streichende Gebirgszug des Fränkischen Juras wird im Norden durch den Bogen des Maintals beendet (Staffelberg, Lichtenfels). Nach Osten schließt sich die Bayreuther-Kulmbacher-Senke (Maintal) an, die sich entlang der Flüsse Haidenaab und Naab bis Regensburg als Vorland des Fichtelgebirges (Granit, Teil des variszischen *Thüringisch-Fränkischen Mittelgebirges*) fortsetzt. Die Fränkischen Jurakalke (entstanden vor 161 bis 150 Mio. Jahren) erheben sich bis auf rund 650 m ü. NHN und damit deutlich über die Schichtstufe des Steigerwalds im Westen und das dazwischenliegende *Mittelfränkische Becken.* Markant ist die steile, etwa Süd-Nord laufende Albtraufstufe als östliche Abgrenzung der Main/Regnitz/Rednitz-Talsenke entlang der Linie Erlangen, Forchheim, Bamberg und Staffelberg. Inmitten der Nördlichen Frankenalb zwischen Forchheim, Hollfeld und Bayreuth liegt die nach ihren typischen Felsformationen benannte *Fränkische Schweiz* mit tief eingeschnittenen, kastenförmigen Tälern (Wiesent, Pegnitz) und exponierten, oft von Burgen gekrönten Felsen, ausgedehnten Wäldern, Trockenstandorten und Resten der einst großflächig vorhandenen typischen Wacholderheiden. Nach Osten in Richtung Bayreuther-Kulmbacher-Senke flacht der zertalte, verkarste Höhenzug der Frankenalb ohne markante Kante allmählich als *Obermainisches Hügelland* auf die Mainsohle (360 m ü. NHN) ab.

3.5 Oberes Maintal, Bayreuther-Kulmbacher Senke, Obermainisches Hügelland

Die Kulturlandschaft der Bayreuther und Kulmbacher Senke oder das *Obermainische Hügelland* als nördlicher Teil des Oberpfälzisch-Obermainischen Bruchschollenlandes (Trias) liegt zwischen den Höhenzügen der Fränkischen Jurakalke (Frankenalb) Richtung Westen und denen des Thüringisch-Fränkischen Mittelgebirges (Grundgebirge, Erdaltertum, Schiefer, Granit) im Osten. Die meist waldbestandenen Hänge und Granitgipfel des *Fichtelgebirges* ragen bis auf knapp über 1000 m ü. NHN auf (Schneeberg 1051 m ü. NHN) und bilden eine Luftmassenbarriere zu den kontinentalen Wettereinflüssen aus dem Osten (Vogtland, Egerbecken bzw. Eger-Rift, Böhmen). Wie die Bezeichnung Bruchschollenland bereits andeutet, ist der ganze Bereich des Obermainischen Landes (welches sich südostwärts über das Oberpfälzer Land bis nach Regensburg verlängert) entlang der sogenannten *Fränkischen Bruchlinie* geologisch durch die Hebung des Grundgebirges abgesackt und die Sedimentablagerungen aus dem Erdmittelalter (Trias, vor 250 Mio. Jahren) sind in Schollen zerbrochen. Das hatte auch einen regen Vulkanismus westlich (Oberpfalz und Obermain) des Fichtelgebirges und östlich (Eger-Rift, Böhmen) zu Folge. Die Basaltkegel (Rauher Kulm) sind heute noch markante Landschaftspunkte, die vulkanischen Maar-Krater jedoch meist verlandet und aufgefüllt [2, 3].

Zusätzlich haben im nördlichen Teil des Bruchschollenlandes der Rote und Weiße Main die Landschaft fluvial überprägt und ihre Täler eingegraben; sie entwässern die Bayreuther-Kulmbacher Senke Richtung Rhein. Der südliche Teil der Bruchschollen beginnt ca. auf der Linie Prebitz, Speichersdorf bis Fichtelberg und entwässert zur Donau. Somit stellen das eingebrochene Obermainische Vorland und das erhobene Fränkische Grundgebirge eine Europäische Wasserscheide dar, wo sich die großen Einzugsgebiete von Rhein (Main), Elbe (Saale, Eger) und Donau (Naab, Regen) aufteilen.

Das Obermainische Hügelland hat durch den Oberlauf der Mains und Zuflüsse sowie durch die geologischen Bruchschollen ein recht bewegtes und abwechslungsreiches Relief mit einem kleinräumigen Wechsel von

Buntsandsteinriedel (schmale, flache Geländerücken), Muschelkalkzügen und Rhätschluchten, durchbrochen durch die Talniederungen des Mains und Zuflüsse. Diese geomorphologische Vielfalt hat in der Kulturgeschichte der Region ein kleinräumiges Nutzungsmosaik aus größeren Waldbereichen und intensiv landwirtschaftlich genutzten Flächen geschaffen.

3.6 Frankenwald mit Kronacher Vorland und Münchberger Land und Bayrisches Vogtland einschließlich Hof

Der Frankenwald ist der mittlere Teil des Thüringisch-Fränkischen Mittel- oder Grundgebirges und besteht aus der Hauptgesteinsart Schiefer und teils Grauwacke und Diabas aus dem Erdaltertum (Unterkarbon vor ca. 340 Mio. Jahren), auf denen sich wenig ertragreiche Böden (Grenzertragsböden) ausgebildet haben. Das Thüringisch-Fränkische Grundgebirge zieht sich mehr als 200 km von Nordwest über die Höhenzüge Thüringer Wald und Thüringer Schiefergebirge, Frankenwald und Fichtelgebirge nach Südost und reicht südostwärts über in den Mittelgebirgszug des Oberpfälzisch-Bayerischen Waldes bis zur Donausenke.

Der *Frankenwald* erhebt sich in der Mitte des ganzen Grundgebirges auf fast 800 m ü. NHN (Döbraberg 794,6 m ü. NHN zwischen Bad Steben und Münchberg) und wird von zahlreichen Flusstälern bis auf rund 300 m ü. NHN eingeschnitten. Die Höhenzüge im Frankenwald (wie auch im südlichen Fichtelgebirge) bilden eine Europäische Wasserscheide, wobei die Rodach mit ihren Nebenflüssen Haßlach, Kronach sowie Schorgast und der Weiße Main in den Main und Rhein entwässern und die Saale mit ihren Zuläufen über Hof in die Elbe. Als ungefähre Grenze zwischen Frankenwald im Nordwesten und dem Höhenzug des Fichtelgebirges Richtung Südosten liegt das *Münchberger Hochland* bzw. Hochbecken, in welchem auch das Quellgebiet der Saale (und des Weißen Mains getrennt durch die Wasserscheide) liegt und Städte wie Bad Berneck, Gefrees, Münchberg oder Schwarzenbach beheimatet. Der gewundene Verlauf des Saaletals zwischen Hof, Bad Lobenstein, Saalfeld bildet auch die markante östliche Grenze der Frankenwaldberge. Weiter östlich des Saaletals steigt das Relief wieder auf eine Hochfläche auf, bekannt als das *Vogtland* als Teil des Schiefergebirges aus dem Erdaltertum, größtenteils in Sachsen (Plauen), Thüringen (Gera) und nur der Bereich um Hof und der Saalequelle in Bayern und Oberfranken. Nach Westen hin wird der geologisch gehobene Grundgebirgskörper von Frankenwald, Fichtelgebirge und Vogtland durch die Bruchzone der Fränkischen Linie eindeutig abgegrenzt und dort hat sich das eingesenkte *Vorland zwischen Sonneberg und Kronach* im Auslauf der Rodach vergleichbar dem Coburger Hügelland weiter westlich oder dem Bayreuther-Kulmbacher Maintal weiter südlich ausgebildet. Die Höhenzüge und Granit- und Schiefergipfel von Frankenwald und Fichtelgebirge sind von Westen her aus dem zerbrochenen Sedimentbecken des *Südwestdeutschen Schichtstufenlandes* als markante Bergkette gut sichtbar und landschaftsprägend.

Der Frankenwald war ursprünglich als waldreiches, wenig landwirtschaftlich genutztes Gebiet mit Rotbuche und Tanne bewachsen, doch nach der fast vollständigen Abholzung um die Wende vom 19. zum 20. Jahrhundert wurden überwiegend schnellwachsende Fichten-Monokulturen aufgeforstet [4], die heute unter dem Druck der Klimaänderung hin zu schlechten Wuchsbedingungen teils großflächig abgestorben sind.

3.7   Fichtelgebirge

Die Trennung zwischen Frankenwald und dem südöstlich angrenzenden Fichtelgebirge ist weithin sichtbar. Erhebt sich der Frankenwaldabschnitt des Grundgebirges auf knapp 800 m ü. NHN, ragen die markanten Granitgipfel des Fichtelgebirges, Ochsenkopf (1024 m ü. NHN) und Schneeberg (1051 m ü. NHN) gut 200 m höher auf. Aber auch die Bergkette des Waldsteins (Großer Waldstein 877 m ü. NHN) im Norden und die von Weitem sichtbare Kösseine (939 m ü. NHN) und die Platte (964 m ü. NHN) im Süden des Fichtelgebirges sind landschaftsprägend. Zwischen beiden Grundgebirgsanschnitten liegt zudem die tieferliegende Münchberger Hochfläche. Die Höhenlinie des Fichtelgebirges ist verantwortlich für einen wichtigen Teil der Europäischen Hauptwasserscheide.

So entspringt der Weiße Main am Osthang des Ochsenkopfs und entwässert Richtung Westen in den Rhein, die Saale nach Norden und die Eger (Cheb) nach Osten über die Elbe und die Naab nach Süden in die Donau.

Im nach Osten hin offenen hufeisenförmigen Fichtelgebirge erfolgte die Besiedelung erst zwischen dem 11. und 14. Jahrhundert [2]. Beginnend mit der Stadt Bad Berneck ganz im Westen an der Grenze zum Obermainischen Hügelland über Weißenstadt, Kirchenlamitz bis Selb entlang der west-östlich ausgerichteten Waldsteinkette, durch das Egerbecken nach Cheb im Osten und zurück über Waldsassen, Tirschenreuth und Erbendorf nach Westen entlang der Steinwaldkette. In der Mitte liegen die Städte Wunsiedel und Marktredwitz und zwischen diesen und Selb hat die Eger eine weites, nach Osten offenes, abflachendes Becken geformt (Sechsämterland), das sich in Tschechien in den tertiären Eger-Grabenbruch oder das Eger-Rift fortsetzt.

Wie der überwiegende montane Hochteil des Thüringisch-Fränkischen Grundgebirges war auch das Fichtelgebirge ursprünglich nach der letzten vereisten Kaltzeit ein Buchen-Tannen-Fichten-Ahorn-Mischwald [2]. Infolge von Erzbergbau und Verhüttung wurde ein Großteil des Mischwaldes entlang der Bergflanken und Gipfel bis ins 18. Jahrhungert abgeholzt und erst im 19. und 20. Jahrhundert durch Norwegische Fichten wieder aufgeforstet. Der Begriff „Fichtel" leitet sich jedoch vom Bergbau ab: „Vythenberg" war ein Eisenbergwerk beim heutigen Ochsenkopf noch vor der großen Rodung. „Vyt" entspricht dem heutigen „Veit". Aus dessen Namen entwickelte sich das Wort „Vichtel" oder „Fichtel" [5].

Literatur

1. Kalb R, Grewe T (2025) Oberfranken, 55 Meilensteine der Geschichte. Sutton, München
2. LfU. https://www.lfu.bayern.de/natur/kulturlandschaft/gliederung/index.htm. Zugegriffen am 15.09.2025
3. Popp H, Porada HT (Hrsg) (2026) Das Bayreuther und Kulmbacher Land – Kulturlandschaftlicher und sozio-ökonomischer Wandel, Bd 88. Landschaften in Deutschland/Böhlau, Köln/Weimar/Wien

4. Zeidler H (1953) Waldgesellschaften des Frankenwaldes – aus dem Botanischen Institut der Universität Würzburg. Mitt Floristisch-Soziol Arbeitsgem 4:88–109
5. Freytag R (1959) Um die Naab. Ein Beitrag zur Ortsnamenkunde. Oberpfälzer Heim 4:67–79

4

Wetterbeobachtungen in Oberfranken

Die Geschichte der Entwicklung meteorologischer Messgeräte und der Durchführung entsprechender Messungen ab dem Ende des 15. Jahrhunderts ist außerordentlich spannend und füllt Fachbücher, aber auch populäre Darstellungen [1, 2]. Mit der Entwicklung von Messgeräten für Temperatur, Feuchte, Luftdruck und Wind setzte auch das Interesse ein, mit diesen Geräten das Wetter zu beobachten. Es war allerdings ein langer Weg von den ersten Geräteentwicklungen bis hin zu wirklich brauchbaren Messgeräten, die zuverlässig für Messungen über längere Zeitabschnitte eingesetzt werden konnten.

4.1 Meteorologische Messgeräte und Messungen

Die Thermometerentwicklung wird *Galileo Galilei* (1564–1641) mit ersten Versuchen an der Universität Padua zugeordnet, doch waren wirklich funktionsfähige Thermometer erst ab 1641 verfügbar, entwickelt durch die *Accademia des Cimento* unter Federführung des Großherzogs der Tos-

© Der/die Autor(en), exklusiv lizenziert an Springer-Verlag GmbH, DE, ein Teil von Springer Nature 2025
T. Foken, J. Lüers, *Oberfranken im Klimawandel*,
https://doi.org/10.1007/978-3-662-71651-9_4

kana *Ferdinand II. de' Medici* (1610–1670). Die heutige Thermometer-skala gibt es erst seit 1750, entwickelt durch den schwedischen Astrono-men *Anders Celsius* (1701–1744). Wer mehr dazu wissen will, der sollte das Deutsche Thermometermuseum in Geraberg/Thüringen besuchen, ein lohnender Tagesausflug. Erste Ideen für Feuchtemessungen stammen von *Leonardo da Vinci* (1452–1519), doch das heute noch übliche Haar-hygrometer gibt es erst seit 1781, entwickelt durch den Genfer Naturfor-scher *Horace Bénédict de Saussure* (1740–1799). Auch das Quecksilber-barometer zur Druckmessung wurde schon frühzeitig durch den Galilei-Schüler *Evangelista Torricelli* (1608–1647) entwickelt, ein Gerät mit der notwendigen Genauigkeit für meteorologische Messungen gibt es aber erst seit 1800 nach Verbesserungen des französischen Mechanikers *Ni-cholas Fortin* (1750–1831) und das heute in vielen Haushalten übliche Aneroid-Barometer ließ erst 1845 der französische Ingenieur *Lucien Vidie* (1805–1866) patentieren. Viel Zeit ist auch vergangen von den ersten Windmessungen durch den Italiener *Leon Battista Alberti* (1404–1472) bis zur Entwicklung des heute üblichen Schalensternanemometers im Jahr 1846 vom irisch-britischen Astronomen *Thomas Romney Robinson* (1792–1882), wobei das Prinzip auf den russischen Universalgelehrten *Mikhail Vasilyevich Lomonosov* (1711–1765) zurückgeht.

Die ersten bekannten meteorologischen Messungen lassen sich in Oberfranken auf die Messreihe von 1652 bis 1658 datieren. *Mauritius Knauer* (1613 oder 1614–1664, Abb. 4.1) führte im Zisterzienserkloster Langheim (von 1649 bis 1664 Abt des Klosters) im heutigen Kloster-langheim (Stadt Lichtenfels) Wetterbeobachtungen durch. Er nahm an, dass sieben Jahre ausreichten, denn man ordnete das Wettergeschehen den sieben „Planeten" der Erde zu: Saturn, Jupiter, Mars, Sonne, Venus, Merkur und Mond. Durch das Aneinanderreihen von 7-Jahresperioden sollten die Mönche in der Lage sein, das Wetter vorherzusagen. Im Jahre 1700 veröffentlichte dann der geschäftstüchtige Erfurter Arzt *Christoph von Hellwig* (1663–1721) die Aneinanderreihung der Beobachtungen als „Hundertjährigen Kalender", der noch heute verlegt wird. Allerdings ist es ein Zufallstreffer, wenn eine Vorhersage wirklich einmal stimmt, und der Klimawandel hat bekannte Witterungsregelfälle, wie sie einigen Bauernregeln zugrunde liegen, teilweise außer Kraft gesetzt oder zeitlich

Abb. 4.1 *Mauritius Knauer* (1613 oder 1614–1664). (© Wikimedia Commons, das freie Medien-Repository)

verschoben. Die Zahl Sieben spielt im Wetteraberglauben und bei Bauernregeln offensichtlich eine erhebliche Rolle. Bereits 1508 erschien die „Bauern-Praktik", ein in vielen Sprachen erschienenes und weit verbreitetes Büchlein, in dem je nach dem Wochentag, auf den der Tag von Christi Geburt fällt, eine Jahresvorhersage nebst weiteren Bauernregeln angegeben ist [3].

Wetterbeobachtungen machen nur Sinn, wenn sie an allen Orten mit vergleichbaren Instrumenten, zu gleichen Zeiten und an geeigneten Standorten durchgeführt werden. Es war der britische Universalgelehrte *Robert Hooke* (1635–1703), der nicht nur meteorologische Instrumente baute, sondern auch 1660 eine erste Anleitung zur Durchführung von Wetterbeobachtungen schrieb und dabei Regeln aufstellte und Beobachtungstabellen entwarf, wie sie heute durchaus noch üblich sind.

Abb. 4.2 *Karl Theodor* (1724–1799), Kurfürst von Bayern. (© Wikimedia Commons, das freie Medien-Repository)

Regelmäßige Wetterbeobachtungen begannen aber erst 100 Jahre später. Zu den ältesten Stationen gehören Basel (1761) sowie Prag und Wien (1775). Der Kurfürst *Karl Theodor von Bayern* (1724–1799, Abb. 4.2) gründete 1780 in Mannheim die *Societas Meteorologica Palatina* und der Geistliche und Meteorologe *Johann Jacob Hemmer* (1733–1790) betrieb in seinem Auftrag 36 Messstationen von 1781 bis 1792 in Europa, Nordamerika und Grönland [4]. Aus dieser Zeit besteht noch in Deutschland die Station Hohenpeißenberg (1781) in Bayern. In der Folgezeit gab es kleinere Messnetze mit begrenzter Dauer, z. B. von 1821 bis 1832 im Herzogtum Sachsen-Weimar-Eisenach, initiiert von *Johann Wolfgang von Goethe* (1749–1832). Erstmals wurden Daten vergleichbar 1826 durch *Heinrich Wilhelm Brandes* (1777–1834), in Leipzig in eine erste „Wetterkarte" gezeichnet [5].

Es dauerte aber bis zur Leipziger Meteorologen-Konferenz 1872, in deren Folge international verbindliche Richtlinien erarbeitet wurden [6]. Dies war der Anfang einer intensiven Zusammenarbeit und führte 1873 zur Gründung der Internationalen Meteorologischen Organisation (IMO). Mit der Gründung der Vereinten Nationen nach dem Zweiten Weltkrieg wurde als Nachfolger die Weltorganisation für Meteorologie (WMO) 1951 mit Sitz in Genf gegründet [7]. Sie erarbeitet fortlaufend die Richtlinien, wie meteorologische Daten gemessen, übertragen und ausgewertet werden.

Die Leipziger Konferenz war auch Anlass, bestehende Messstationen weiterzuführen und neue Stationen einzurichten. Nach nur zehn Jahren war in Europa und Nordamerika ein dichtes und heute noch bestehendes Messnetz entstanden, dass dank der Telegrafie die Messungen auch international verbreitete. Wir datieren heute das Jahr 1881 als den Beginn vergleichbarer Messungen, die wir auch für eine gesicherte Rekonstruktion des Klimas verwenden können. Oberfranken ist in der glücklichen Lage, seit dieser Zeit in Bamberg seit 1878 und Bayreuth seit 1851 über entsprechende Messungen zu verfügen.

4.2 Wetterbeobachtungen in Oberfranken

Es waren vor allem Lehrer und Astronomen an Schulen und Sternwarten, die mit Wetterbeobachtungen begannen. Die ersten Beobachtungen des Wetters gibt es seit 1836 in Bamberg [8, 9] und sie betrafen die Wetterelemente Temperatur und Druck, die nach den Richtlinien der Mannheimer *Societas Meteorologica Palatina* durchgeführt und bearbeitet wurden. Später kamen weitere Wetterelemente hinzu. Eine Auswertung einer 40-jährigen Messreihe erfolgte 1877 durch den Physikprofessor *Dr. Theodor Hoh* (1828–1888) [9] des Königlichen Lyceums, der heutigen Universität Bamberg, wobei sich einige Unterlagen aus dieser Zeit noch im Archiv der Universität befinden. Ab Ende 1878 sind die durch Prof. Hoh im Lyceum in der heutigen Langen Straße 37 erhobenen Daten dokumentiert und stellen den Beginn der Bamberger Klimamessreihe dar. Wie damals noch üblich, erfolgten die Messungen an einem Fenster an der Nordseite des Hauses. Überliefert ist, dass die Wetterfahne auf St. Martin der Windbeobachtung diente. Die Station zog in den Folgejahren mehrfach um, z. B. 1881 in die Schützenstraße und 1884 in die Königliche Realschule Kapuzinerstraße 29, bis sie endlich 1891 auf dem Gelände der Sternwarte nach den heute noch gültigen Vorschriften eingerichtet wurde [10]. Diese Station lieferte bis 1958 verlässliche Daten für Bamberg. Sie ist eine der wenigen deutschen Stationen, bei der es am Kriegsende 1944/1945 zu keiner Unterbrechung der Beobachtungen kam.

Nach dem Zweiten Weltkrieg entstanden überall in Deutschland neue Stationen, in Bayern durch den Wetterdienst in der US-Zone in Bad Kissingen, dem späteren Deutschen Wetterdienst (DWD) in Offenbach. Diese Stationen hatten dann mehrere Beobachterinnen und Beobachter, um Beobachtungen über 24 h am Tag durchführen zu können. Die gegenwärtig offizielle meteorologische Hauptstation von Bamberg mit der amtlichen Nummer 282 gibt es seit 1949. Sie befand sich zuerst im Westen der Innenstadt „Auf der Weide 28" und wurde 1952 in den Süden der Stadt auf das Versuchsgelände der Staatlichen Obst- und Gartenbaustelle Bamberg verlegt. Weitere Verlegungen gab es in den Folgejahren, bis sie mit dem Übergang zum automatischen Betrieb am 26.11.2008 in rein landwirtschaftlich genutztes Gebiet östlich des Kleingartenvereins Sendelbach e. V. neu errichtet wurde. Der Standort ist nach den Richtlinien der Weltorganisation für Meteorologie ideal. Lediglich die Windmessungen sind durch die nahe Pappelplantage etwas beeinträchtigt (Abb. 4.3). Allerdings spiegeln die Daten das Bamberger Klima nicht exakt wider, denn die Temperaturen in einem Stadtgebiet sind meist 1–3 °C höher als im ländlichen Umfeld. Von 1946 bis 1960 gab es noch eine weitere Station auf der Altenburg, die 150 m höher als die Stadt lag. Weitere Details können der Literatur entnommen werden [11, 12].

Der Beginn der Bayreuther Messungen lässt sich auf 1851 datieren [13]. Die Station der Herren Blumröder (Vater, dann Sohn) befand sich anfangs in der Wolfsgasse, dann kurzzeitig in der Friedrichstraße und zog dann mit ihrem Beobachter in dessen neu erstandenes Haus in die Ziegelgasse (heutige Badstraße) um. Ab 1879 gehörte die Station zum Beobachtungsnetz der neu gegründeten Meteorologischen Zentralstation in München und wurde von dort betreut. Zur damaligen Zeit befanden sich die Messgeräte der Stationen in den Wohnungen der Beobachter, die

Abb. 4.3 Instrumentierung der Bamberger Klimastation Nr. 282 des DWD: 1: Sichtweitenmessgerät, 2: Niederschlagsmesser, 3: Elektrisch belüftete Wetterhütte mit Temperatur- und Feuchtesensor (2 m Höhe), 4: Strahlungs- und Sonnenscheindauermessgerät, 5: Windrichtung und Windgeschwindigkeit (10 m Höhe), 6: Ultraschall-Schneehöhenmesser, 7: Laser-Wolkenhöhenmesser, 8: Minimumthermometer in Bodennähe (5 cm Höhe), 9: Zuleitung zu Bodenthermometern, aus [12]

Thermometer waren in der Regel an oder neben Nordfenstern an den Außenwänden der Häuser angebracht, die Barometer in ungeheizten Räumen, die Regenmesser im Garten oder Hof. Wobei natürlich die Aufstellungshöhe der Geräte entsprechend den Gegebenheiten variierte. Nach dem Tode Blumröders im Jahre 1882 wurde die Station zur damaligen Heil- und Pflegeanstalt verlegt, dem heutigen Bezirkskrankenhaus, wo sie mit wechselnden Beobachtern bis zu ihrer Einstellung im Jahr 1943 verblieb. Ab Januar 1946 setzte die neu gegründete Wetterwarte Bayreuth die Messungen fort und ab 1952 übernahm der DWD.

Die zunehmende Bebauung der Städte führte in Deutschland und den meisten anderen nationalen Messnetzen weltweit zwangsläufig zu einer

Verlagerung der Wetterbeobachtung an die Stadtränder. So wurden die Messstandorte innerhalb Bayreuths noch fünf Mal verlegt und befinden sich seit 2006 knapp 5 km nordwestlich vom Bayreuther Stadtzentrum Mainabwärts in der Gemeinde Heinersreuth und die Station Bamberg liegt heute in der ländlich geprägten Südflur.

Seit 1998 mit standardisierten Messinstrumenten und Datenübertragung finden am südlichen Stadtrand meteorologische Messungen im Ökologisch-Botanischen Garten der Universität Bayreuth unter technischer und wissenschaftlicher Betreuung der Abteilung Mikrometeorologie statt. Weitere Details können der Literatur entnommen werden [13, 14].

Die beiden Stationen Bamberg und Bayreuth stellen die Grundlage für das Buch dar, da ihre Daten umfassend kontrolliert und bearbeitet wurden. Daneben werden Ergebnisse für alle Regionen Oberfrankens, wie sie in Kap. 3 beschrieben wurden, dargestellt. Die entsprechenden Stationen sind in Tab. 4.1 angeben. Sie gehören zu den knapp 200

Tab. 4.1 Klimastationen des Deutschen Wetterdienstes in Oberfranken, die für diese Publikation homogenisiert und ausgewertet wurden. Es ist nur der jeweils letzte Standort angegeben, weitere Details sind den Publikationen zu entnehmen [11, 13]

Station	Stations-nummer	Höhe über NHN	Lage
Bamberg	282	240 m	Östlich Kleingartenverein Sendelbach e. V.
Kronach	2750	310 m	
Lautertal	867	343 m	Ortsteil Oberlauter
Ebrach	1107	345 m	
Bayreuth (Heinersreuth)	320	349 m	Ortsteil Vollhof
Bayreuth (ÖBG)*		345 m	Ökologisch-Botanischer Garten [14]
Gräfenberg	1721	505 m	Ortsteil Kasberg
Hof (Saale)	2261	565 m	Gewerbegebiet Hohensaas
Teuschnitz	5017	633 m	
Fichtelberg (Oberfr.)	1357	654 m	Ortsteil Hüttstadl

*Die homogenisierte Messreihe von Bayreuth wurde aus der Reihe des Deutschen Wetterdienstes und nach der Stationsverlagerung nach Heinersreuth durch die Daten im Ökologisch-Botanischen Garten der Universität Bayreuth (Mikrometeorologie) ergänzt [13] hauptamtlichen Stationen, die eine automatisierte synoptische Datenerfassung (10-Minuten-Werte) in Echtzeit erlaubt. Dazu kommen ca. 900 nebenamtliche Stationen, ebenfalls voll automatisiert, aber mit teils eingeschränktem Messprogramm hinzu. Bis zum Ende des 20. Jahrhunderts waren noch zahlreiche Wetterstationen bzw. Wetterwarten mit Personal besetzt, die Beobachtungen über 24 h am Tag durchführen konnten. Nach 2000 wurden alle Stationen automatisiert und mit modernen elektrisch registrierenden Messgeräten und digitaler Datenübertragung ausgestattet. In Oberfranken wurden die Stationen Wunsiedel-Schönbrunn (Nr. 7394, seit 2006), Schönwald/Obfr.-Brunn (seit 2007), Neustadt am Kulm – Filchendorf (Nr. 3572, seit 2008), Bad Staffelstein – Stublang (Nr. 4813, seit 2019) neu eingerichtet. Diese Datenreihen sind leider noch zu kurz, um in eine klimatologische Analyse einbezogen zu werden.

Die heutige Wetterbeobachtungstation sieht nicht mehr so aus, wie die von früher her bekannte mit der klassischen, weißlackierten Wetterhütte aus Holz. Abb. 4.3 zeigt als Beispiel die Instrumentenausstattung der automatisierten, hauptamtlichen Wetterstation in Bamberg.

4.3 Homogenisierung von Messdaten

Die in Tab. 4.1 genannten Stationen sind hinsichtlich der Ortsverlegungen und Wechsel der Instrumentierung umfassend dokumentiert. Dieser Umstand ermöglicht – was für die wissenschaftliche Verwendung von entscheidender Bedeutung ist – eine sogenannte Homogenisierung der Messreihen. Damit werden durch den Vergleich mit anderen Messreihen Inhomogenitäten durch Standortwechsel und Gerätewechsel korrigiert, um verlässliche Daten für eine Klimaanalyse zu bekommen.

Die Homogenisierung erfolgte nach den vom DWD verwendeten Methoden [15], die auf dem Test von *Alexandersson* beruhen [16]. Einzelheiten des Homogenisierungsverfahrens für Bamberg und Bayreuth wurden veröffentlicht und sind online verfügbar [11, 13]. Die seit 1851 bestehende Bayreuther Messreihe wurde jedoch für Lufttemperatur und Niederschlag im Hinblick auf die Messungen im Öko-logisch-Botanischen Garten der Universität Bayreuth bearbeitet und nicht im Hinblick auf die Verlagerung nach Heinersreuth [13], siehe Tab. 4.1. Die Bamberger Messreihe wurde auf deren aktuellen Standort homogenisiert [11], d. h., der Zeitraum mit Messungen an der Stern-warte mit 50 m Höhenunterschied wurden wegen der Temperatur-abnahme mit der Höhe um ca. −0,6 °C pro 100 m mit −0,3 °C korri-giert. Die Messreihe aus Hof wurde homogenisiert, erforderte aber nur geringe Korrekturen, obwohl die Gebäude immer näher an die Station heranrückten. Im Fichtelgebirge wurden die eher kurze Waldstein-Pflanzgarten-Messreihe der Universität Bayreuth und die DWD-Mess-reihe von Fichtelberg-Hüttstadl in Oberfranken verwendet. Die Mess-reihe von Fichtelberg-Hüttstadl wurde aufgrund von häufigen Stand-ortwechseln und Änderungen in der Instrumentierung weitgehend homogenisiert. Tab. 4.2 gibt einen Überblick über die Standort-änderungen. Die Homogenisierung erfolgte nur für die Lufttemperatur. Eine Korrektur der Niederschlagssummen und der Schneehöhen war jedoch nicht möglich. Die anderen in Tab. 4.2 genannten Stationen waren nicht stärker beeinflusst, sodass eine Homogenisierung nicht notwendig wurde.

Tab. 4.2 Verlegungen der Station Fichtelberg in Oberfranken. (DWD-Stations-nummer 1357)

Koordinaten	Höhe über NHN	Zeitraum	Anmerkung
50,0033 N 11,8585 E	720 m	1947–1951	Die Höhenkorrektur erfolgte taggenau mit 0,65 °C pro 100 m.
50,0006 N 11,8546 E	686 m	1952–1965	
50,0045 N 11,8557 E	715 m	1966–1967	
50,0025 N 11,8574 E	705 m	1968–1990	
49,9807 N 11,8376 E	654 m	Seit 1991	

Literatur

1. Foken T (Hrsg) (2021) Springer handbook of atmospheric measurements. Springer, Cham. https://doi.org/10.1007/978-3-030-52171-4
2. Moore P (2016) Das Wetterexperiment. Mareverlag, Hamburg
3. Hellmann G (1896) Neudrucke von Schriften und Karten über Meteorologie und Erdmagnetismus, Nr. 5, Die Bauern-Praktik. A. Asher & Co. (Neudruck: Hansebooks, Norderstedt, 2017), Berlin
4. Societas Meteorologica Palatina (Hrsg) (1793) Ephemerides Societatis Meteorologicae Palatinae. observationes anni 1789 Societas Meteorologica Palatina, Mannheim
5. Börngen M (2017) Heinrich Wilhelm Brandes (1777–1834). Edition am Gutenbergplatz, Leipzig
6. Börngen M, Foken T (2022) 150 Years: The Leipzig Meteorological Conference, 1872, A milestone in international meteorological cooperation. Meteorol Z 31:415–427. https://doi.org/10.1127/metz/2022/1134
7. Ashford OM, Gupta S, Meade PJ, Taba H, Weiss G (Hrsg) (1990) Forty years of Progress and Achievement, WMO-No. 721. World Meteorological Organization, Geneva
8. Berghaus H (1838–1848) Physikalischer Atlas zu Alexander von Humboldt, Kosmos (Nachdruck: Die Andere Bibliothek, Berlin, 2014). Perthes, Gotha
9. Hoh T (1877) Meteorologische Mittelwerthe als Grundlage einer Klimatographie Bamberg's. Reindl, Bamberg
10. Zinner E (1939) Die Remeis-Sternwarte zu Bamberg, 1889–1939. Veröffentlichungen der Remeis-Sternwarte zu Bamberg IV:5–96
11. Foken T (2021) Bearbeitung der Bamberger Klimareihe 1879–2020. Univ Bayreuth, Abt Mikrometeorologie, Arbeitsergebnisse 57:49. https://doi.org/10.15495/EPub_UBT_00005217
12. Foken T (2025) Bamberg im Klimawandel, 2. Aufl. Books on Demand GmbH, Norderstedt
13. Lüers J, Soldner M, Olesch J, Foken T (2014) 160 Jahre Bayreuther Klimazeitreihe, Homogenisierung der Bayreuther Lufttemperatur- und Niederschlagsdaten. Arbeitsergebn, Univ Bayreuth, Abt Mikrometeorol, ISSN 1614-8916 56:52. https://doi.org/10.15495/EPub_UBT_00001758
14. Foken T, Lüers J, Aas G, Lauerer M (2016) Unser Klima – Im Garten, im Wandel. Ökologisch-Botanischer Garten der Universität Bayreuth, Bayreuth

15. Herzog J, Müller-Westermeier G (1998) Homogenitätsprüfung und Homogenisierung klimatologischer Messreihen im Deutschen Wetterdienst. Ber Dt Wetterd 202:23
16. Alexandersson H (1986) A homogeneity test applied to precipitation data. J Climatology 6(6):661–675. https://doi.org/10.1002/joc.3370060607

5

Das Klima in Oberfranken

Das Klima eines Ortes oder einer Region wird für einen definierten Zeitraum, der in der Regel 30 Jahre beträgt, statistisch ermittelt. Innerhalb dieser Zeitspanne ist der Verlauf der Witterung derart vielfältig, dass sich einzelne oder auch seltene extremere Wetterereignisse nicht auf den langjährigen Mittelwert bei der Lufttemperatur oder den langjährigen Summenwert beim Niederschlag bemerkbar machen. Bis in die 1970er-Jahre haben sich sogar verschiedene 30-jährige Perioden in ihren Werten kaum unterschieden (siehe Anhang). Danach sind die Auswirkungen der Erderwärmung bereits so deutlich, dass sich zwischen verschiedenen Klimaperioden merklich Unterschiede zeigen. In vorliegender Analyse wird sich auf die neue Klimareferenzperiode 1991 bis 2020 bezogen, die etwa 2,0 °C wärmer als der vorindustrielle Wert ist (siehe Abschn. 1.3). Die Veränderungen durch den Klimawandel werden im anschließenden Kap. 6 umfassend untersucht.

© Der/die Autor(en), exklusiv lizenziert an Springer-Verlag GmbH, DE, ein Teil von Springer Nature 2025
T. Foken, J. Lüers, *Oberfranken im Klimawandel*,
https://doi.org/10.1007/978-3-662-71651-9_5

5.1   Phänologische Klimaanalyse

Messstationen sind nicht immer so verteilt, dass sie alle klimatologischen Besonderheiten und insbesondere deren Einfluss auf die Flora gut wiedergeben können. Hier sind Beobachtungswerte der Pflanzenentwicklung besonders geeignet, wie z. B. der Tag im Jahr mit der ersten Blüte des Huflattichs im Frühjahr für den Beginn der Vegetationsperiode oder der Laubfall der Eiche im Herbst für das Ende der Vegetationsperiode. Solide, langjährige phänologische Beobachtungen gibt es aber nur selten, sodass für viele Regionen keine Auswertung diesbezüglich erfolgen kann. Für Oberfranken gibt es zumindest im Ökologisch-Botanischen Garten der Universität Bayreuth einen Internationalen Phänologischen Garten [1, 2] mit Daten zur Pflanzenentwicklung geklonter Bäume und Sträucher in Abhängigkeit zum Wettergesehen ab 2006 (siehe Abschn. 6.9).

Für Oberfranken hat Herr *Dr. Dietmar Reichel* vor über 40 Jahren 1979 eine sogenannte Wuchsklimatologie [3] basierend auf ähnlichen Arbeiten in Südwestdeutschland entwickelt [4]. Es ist zwar inzwischen deutlich wärmer geworden, doch die Gebietseinteilung von damals hat sich kaum geändert. Leider erfolgte die Bestimmung der Klassen sehr empirisch und ist in dieser Form nicht weiterverfolgt worden. Die entsprechende Karte ist in Abb. 5.1 (siehe S. 72/73) dargestellt. Die Gliederung von Reichel half auch bei der Einteilung der Naturräume der oberfränkischen Regionen in Kap. 3.

Seit Ende 2024 wurde zudem nach jahrelanger Arbeit das umfangreiche Buch als Nachschlagewerk zur „Flora von Bayreuth und Umgebung" [5] mit digitalen Verbreitungsdaten aller örtlichen Farn- und Blütenpflanzen veröffentlicht. Dieses Buch zeigt bereits, dass es viele Pflanzen nicht mehr gibt, die im vergangenen 20. Jahrhundert noch zahlreich vorhanden waren. Aber auch neue Pflanzenarten aus anderen Erdregionen und Klimazonen sind in Oberfranken eingewandert. Wegen der fortschreitenden Erderwärmung gibt es im Nachschlagewerk zur „Flora von Bayreuth und Umgebung" auch eine Klima- und Witterungsanalyse, um die Daten der botanische Kartierung klimatisch zuordnen zu können [6].

5.2   Empirisches Klima von Oberfranken

Die Klimaanalyse im vorliegendem Buch beruht, wie bereits im Kap. 1 ausführlich dargelegt, auf Messdaten und wird als Empirisches Klima bezeichnet [7]. Diese Methode hat einen deutlich besseren lokalen Bezug und bildet auch Extremwerte exakter ab als das auf Re-Analysedaten von Wettermodellen basierende Theoretische Klima (siehe Abschn. 1.4). Zudem sind die verwendeten Daten einer Fehlerprüfung unterzogen worden und bezüglich möglicher Instrumenten- und Standortwechsel homogenisiert (siehe Abschn. 4.3). Die Abb. 5.2 zeigt erneut die Karte von Oberfranken, hier zusätzlich mit den Werten der Jahresmittel der Lufttemperatur und der Jahressummen des Niederschlages für die Klimaperiode 1991 bis 2020 für die herangezogenen Messstationen in Oberfranken. Damit ist es möglich, der empirischen Verteilung der Wuchsklimatologie nach Dr. Dietmar Reichel aus Abb. 5.1 quantitative Klimawerte zuzuordnen.

Bei Betrachten der Lufttemperatur in Oberfranken ergibt sich, dass die Täler der Itz-Main-Regnitz-Flussregion weitgehend einheitliche Temperaturen aufweisen und mit Bamberg an der Spitze das wärmste Gebiet in Oberfranken darstellen. Auch große Teile im Steigerwald (Ebrach), der Fränkische Jura (Gräfenberg) und das Maintal bei Bayreuth haben bedingt durch die gemeinsame Höhenlage mit nur geringen Variationen weitgehend vergleichbare Temperaturen.

Deutlich kühler ist das Fränkische Vogtland um Hof. Am kühlsten ist es in Höhenlagen um 600 bis 700 m im Frankenwald (Teuchnitz) und vor allem im Fichtelgebirge (Fichtelberg-Hüttstadtl). Die Unterteilung Oberfrankens in diese drei groben Temperaturzonen ergibt sich physikalisch durch die Höhenlage. Je 100 m Höhenzunahme nimmt die Lufttemperatur im Schnitt um 0,6 °C ab. Die Station Bamberg z. B. liegt auf einer Höhe von 240 m ü. NHN. Die Station Ebrach im Steigerwald liegt auf 340 m und ist in der Tat 0,6 °C kühler. Das lässt sich beispielsweise auch an der Pflanzenentwicklung im Frühjahr auf dem Fränkischen Jura (ca. 500 m ü. NHN) nachvollziehen, die 1 bis 3 Wochen hinter den Bedingungen in Bamberg zurückliegt.

a

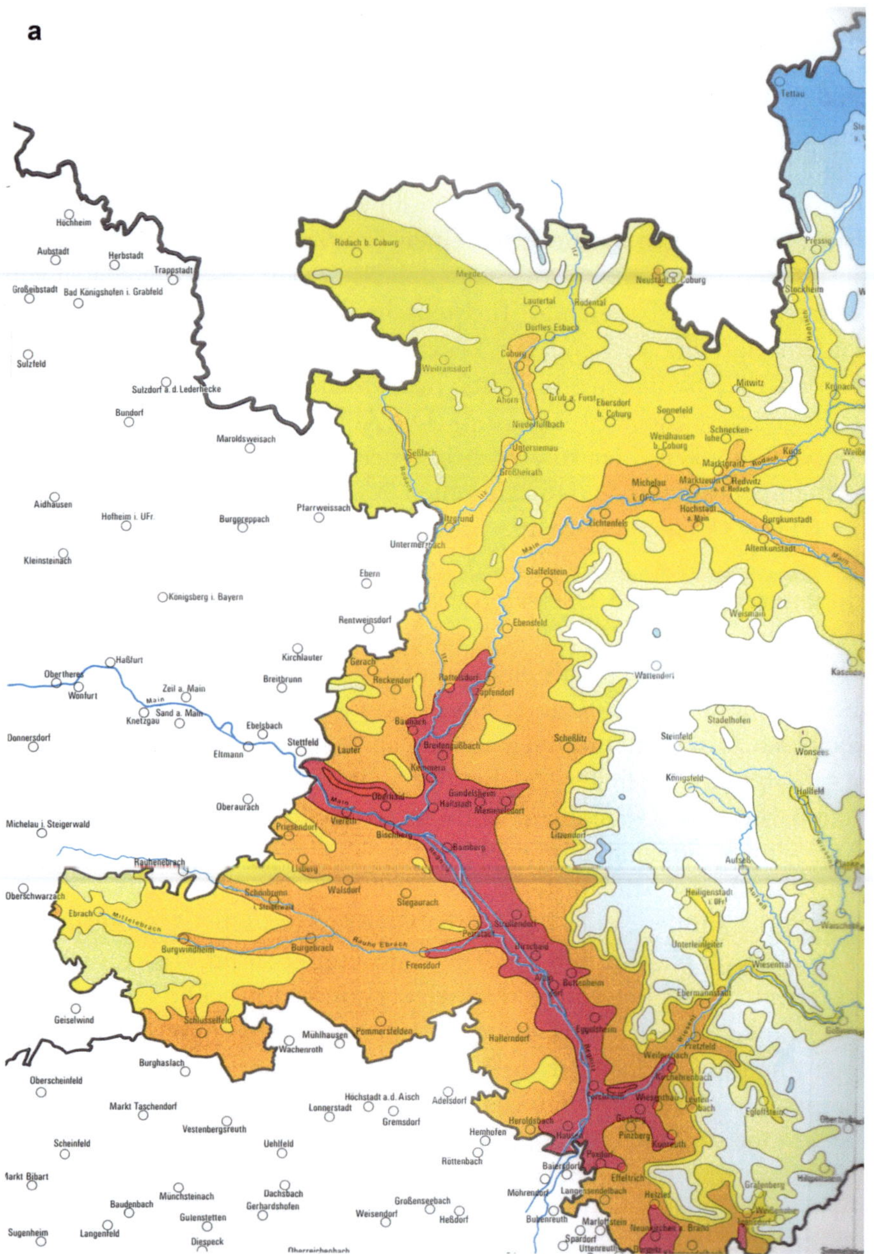

Abb. 5.1 (a) Wuchsklimatologie nach Dr. Dietmar Reichel aus dem Jahr 1979 [3] für das westliche Oberfranken, Legende siehe Abb. 5.1b. Wegen des Klimawandels sind die Gebietskennzeichnungen in ihrer ursprünglichen Definition nicht mehr gültig. Abdruck mit freundlicher Genehmigung der © Bayerischen Akademie für

(Fortsetzung)

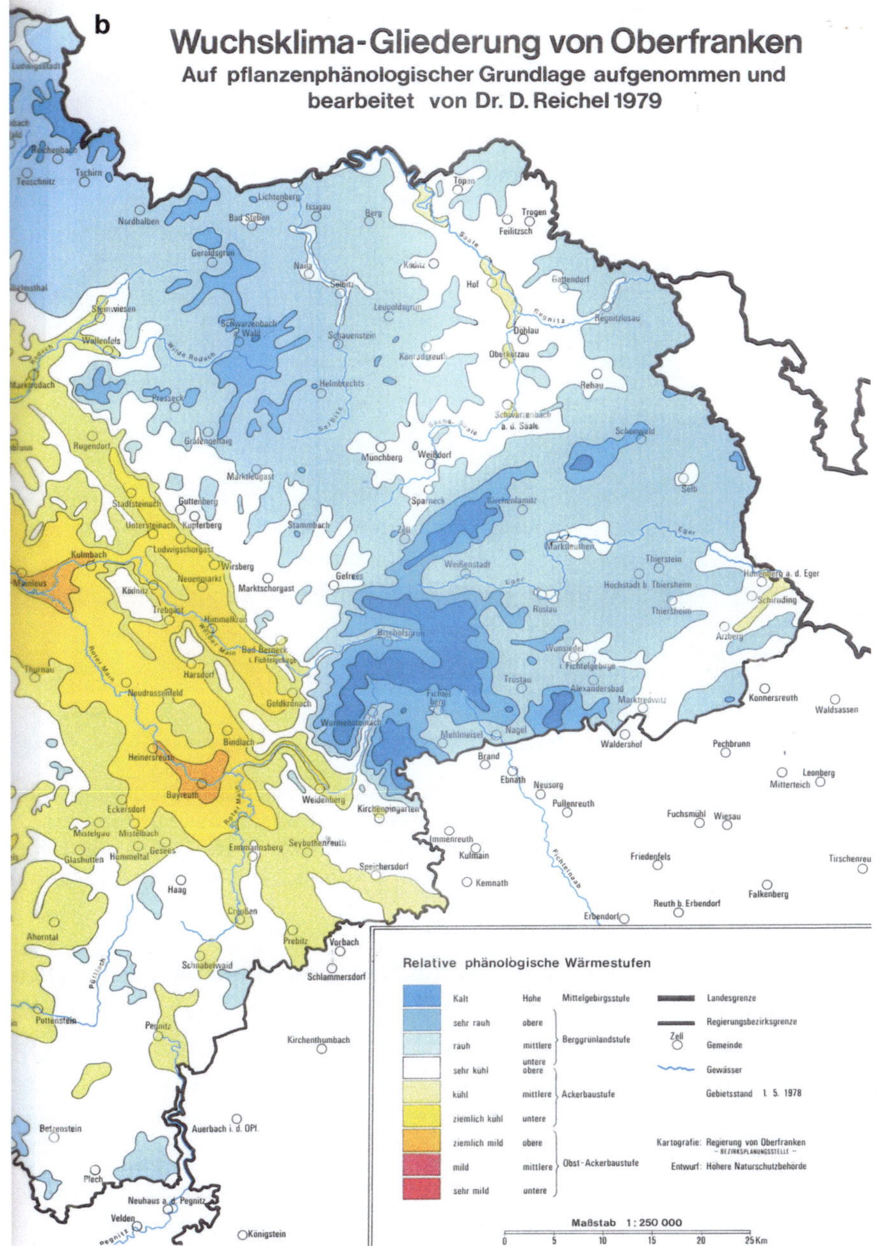

Abb. 5.1 (Fortsetzung) Naturschutz und Landschaftspflege (ANL), Laufen. **(b)** Wuchsklimatologie nach Dr. Dietmar Reichel aus dem Jahr 1979 [3] für das östliche Oberfranken. Wegen des Klimawandels sind die Gebietskennzeichnungen in ihrer ursprünglichen Definition nicht mehr gültig. Abdruck mit freundlicher Genehmigung der © Bayerischen Akademie für Naturschutz und Landschaftspflege (ANL), Laufen

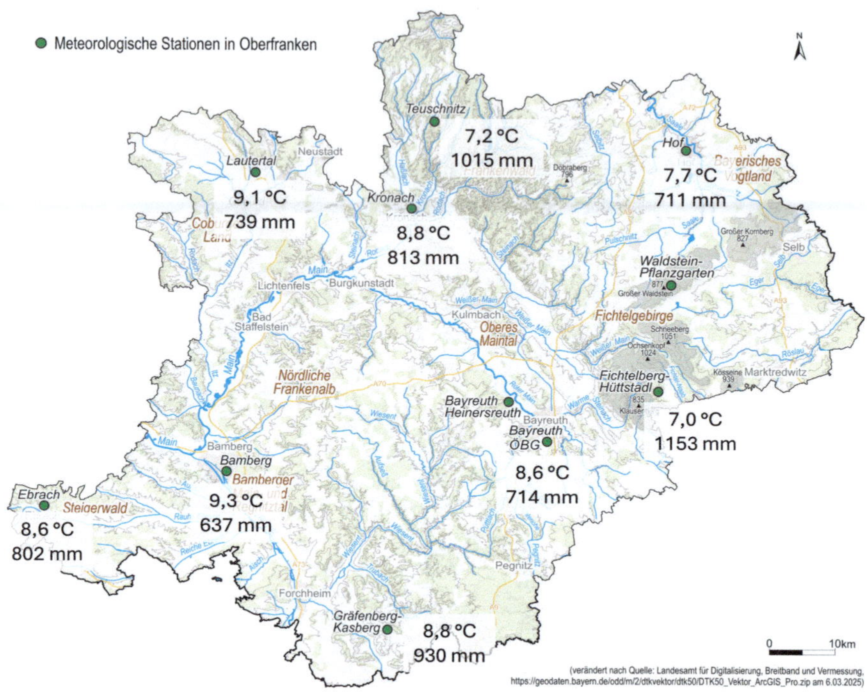

Abb. 5.2 Naturräumliche Gliederung Oberfrankens mit den meteorologischen Messstationen und den zugeordneten Jahresmittelwerten der Lufttemperatur und der Niederschlagssummen im Zeitraum 1991–2020. (Datengrundlage Deutscher Wetterdienst (DWD), siehe auch Anmerkungen im Anhang, Abbildung: Schwieger, Universität Bamberg)

Werden nur die Tagesmittelwerte einer Station angesehen, fallen oft kaum regionale Unterschiede auf, doch werden die Tagesmaxima und -minima der Lufttemperaturen hinzugezogen, zeigen sich lagebedingt deutliche Unterschiede. Ein Beispiel: Im Vergleich zu Bamberg fallen die Tagesmaxima der Lufttemperatur auf der Alb etwas niedriger aus, wohingegen die Tagesminima der Temperatur in Bamberg durch die sich nächtlich in der Tallage angesammelten Kaltluft häufig kälter sind als auf der Alb. Auch der Vergleich zwischen Bayreuth und Bamberg ist interessant, denn hier zeigen sich im Winter bei ausgeprägten Hochdrucklagen in Bayreuth, obwohl ca. 100 m höher gelegen als Bamberg, aufgrund der nicht so intensiven Kaltluftwirkung einige Grad wärmere nächtliche Minima.

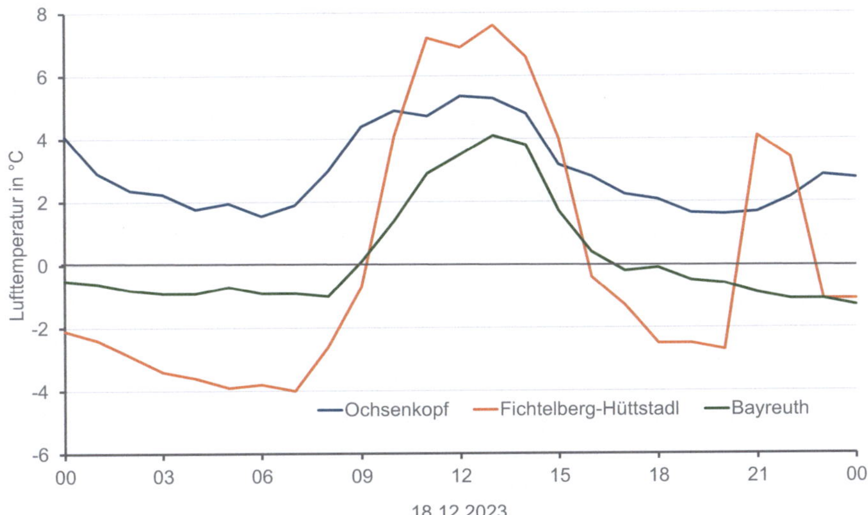

Abb. 5.3 Tagesgang der Lufttemperatur auf dem Ochsenkopf (ICOS-Station, Daten [8]) und in Fichtelberg-Hüttstadl sowie Bayreuth. (Daten: DWD)

Ganz markant sind die regionalen Temperaturunterschiede, wenn sich die höchsten Erhebungen des Fichtelgebirges oberhalb einer Hochnebeldecke befinden. Ein Beispiel einer derartigen Inversionswetterlage ist in Abb. 5.3 dargestellt. Die Lufttemperatur vom Ochsenkopf liegt ganztägig teilweise über 4 °C über der von Bayreuth. Im Zeitraum von 9 bis 16 Uhr und nochmals von 21 bis 22 Uhr (MEZ) liegt die Station Fichtelberg-Hüttstadl ebenfalls oberhalb der Hochnebeldecke und ist dann wegen der niedrigeren Höhenlage sogar wärmer als der Ochsenkopf. Zu den anderen Uhrzeiten liegt aber nur der Ochsenkopf oberhalb der Hochnebeldecke und der Temperaturunterschied zwischen Bayreuth und Fichtelberg-Hüttstadl entsteht allein aufgrund ihrer verschiedenen Höhenlage. Die Station Ochsenkopf ist keine reguläre Wetterstation. Sie gehört zum europäischen Kohlenstoffdioxid-Messprogramm (Integrated Carbon Observation System, ICOS, [8]), misst aber auch die Lufttemperatur in 2 m über Grund.

Während die Jahresgänge der Lufttemperatur aller oberfränkischer Stationen weitgehend parallel verlaufen und nur durch die unterschiedliche Höhenlage verschoben sind (auf einige Besonderheiten im Frühjahr wird im Kap. 6 verwiesen), gilt das für den Niederschlag nicht. Interessant ist die Verteilung der Niederschläge im Jahresgang auf den Höhen der Mittelgebirge und in den vorgelagerten Gebieten, wozu nachfolgend die Niederschlagssummen der oberfränkischen Stationen Hof (500 m ü. NHN) und Fichtelberg-Hüttstadl (657 m ü. NHN) verglichen werden. Durch den für Mitteleuropa typischen Schauerniederschlag im Sommer, der häufig bei Gewitter- oder Unwetterlage an einem Tag ein Drittel der Monatssumme bringen kann, gibt es auch in der oberfränkischen Region ein eindeutiges Niederschlagsmaximum in den Sommermonaten Juni bis August. Im Winter dominieren entlang der angeströmten Flanken der Mittelgebirge Stauwetterlagen mit länger anhaltenden Niederschlägen, sodass dort ein zweites Niederschlagsmaximum, meist das Sommermaximum übertreffend, in den Monaten Dezember und Januar zu verzeichnen ist (Abb. 5.4). In den aktuell bei uns kurzen Übergangsjahreszeiten Frühling und Herbst stellen sich derzeit durchschnittlich niederschlagsärmere Wetterlagen ein.

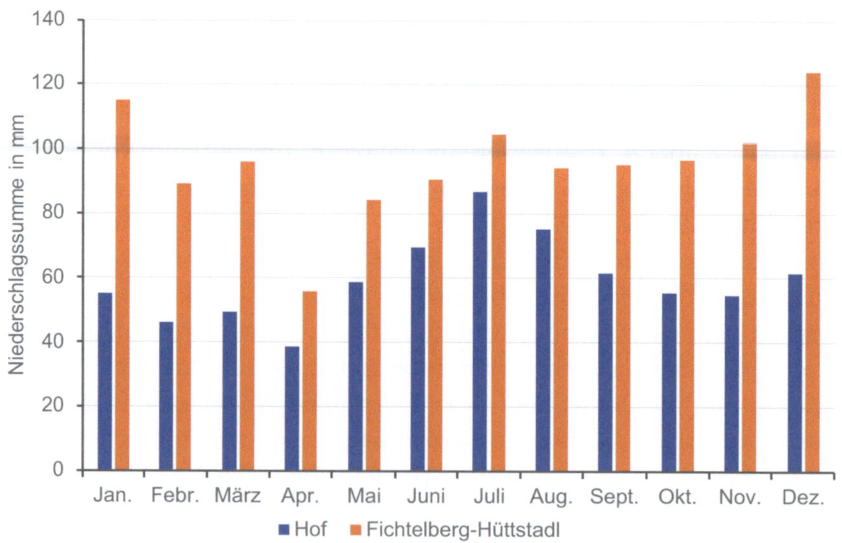

Abb. 5.4   Jahresgang des Niederschlages in Hof und Fichtelberg-Hüttstadl für die Periode 1991 bis 2020. (Daten: DWD)

5.3 Klima in den oberfränkischen Naturräumen

Für die einzelnen Naturräume in Oberfranken ergibt sich folgende klimatologische Einordnung:

Steigerwald mit Vorland

Das Klima des Steigerwaldvorlandes ist, wie auch im angrenzenden Maintal, mild und mit ca. 650 mm Jahresniederschlag aufgrund der Staulage am Fuß des Steigerwaldtraufs vergleichsweise niederschlagsreich im Vergleich zu den westlich angrenzenden Gäulandschaften, die wiederum im Westen durch die Gebirgszüge des Odenwalds, Spessarts und der Südrhön abgeschirmt werden. Im Hohen Steigerwald sind Regenmengen von ca. 850 mm zu erwarten. Nach Osten nimmt der Niederschlag bis auf ca. 600 mm im Regnitztal ab. Durch kontinentale Einflüsse gibt es im Steigerwaldvorland warme Sommer und kalte Winter. Auf der Hochfläche sind Schneefallhöhen bis zu 25 cm beobachtet worden [9].

Die Region ist durch die Wetterstation des Deutschen Wetterdienstes (DWD) in Ebrach (346 m ü. NHN) gut repräsentiert mit dem aktuellen Mittelwert der Lufttemperatur von 8,6 °C und einer Jahresniederschlagssumme von 802 mm (Referenz 1991–2020). Messungen begannen bereits 1899. Eine zuverlässige Datenbasis ist seit 1963 vorhanden.

Bamberger Main- und Regnitztal

Durch den Steigerwald ist Bamberg bei westlichen Winden relativ windgeschützt, was dazu führt, dass der Luftaustausch im Talkessel bei entsprechender Wetterlage vermindert ist. Durch die Frankenalb werden zudem die kühlen Ostwinde abgeschirmt. Durch diese natürliche Beckenlandschaft ist das Klima im Bamberger Tal mild und kontinental geprägt und Bamberg zählt folglich zu den wärmsten Städten Bayerns mit einer niedrigen Anzahl an Frosttagen. Durch den reliefbedingten geminderten Luftaustausch ist die Region während windschwacher Wetterlagen relativ hoch mit Luftschadstoffen belastet. Andererseits können in windstillen klaren Nächten in den Fluren nördlich und südlich des Stadtgebietes immer wieder bodennah sehr tiefe Lufttemperaturen auftreten, nicht selten merklich kälter als im restlichen westlichen Oberfranken. Im Regenschatten der hohen Keuperstufe (Steigerwald) gelegen, treten im Bamberger Main- und Regnitztal eher geringe Niederschläge auf. Aufgrund der klimatischen und topografischen Bedingungen ist die Region teilweise durch starke Nebelbildung geprägt [9].

Zumindest die ländlich geprägten Regionen sind durch die hauptamtliche, synoptische Wetterstation Bamberg des DWD (240 m ü. NHN, ca. 3 km südöstlich der Altstadt Bambergs, 550 m östlich vom Main-Donau-Kanal) gut repräsentiert mit dem aktuellen Mittelwert der Lufttemperatur von 9,3 °C und einer Jahresniederschlagssumme von 637 mm (Referenz 1991–2020). Beobachtungsdaten gibt es seit 1836, eine zuverlässige Datenbasis ist seit 1879 vorhanden.

Coburger Land (Itz-Baunach-Hügelland)

Bedingt durch die von Süden nach Norden ansteigende Höhenlage von kolliner auf montaner Höhenstufe und durch das durch zahlreiche Fließgewässer zertalte Relief ergibt sich wie im ganzen Südwestdeutschen Schichtstufenland eine ozeanisch beeinflusste kontinentale Klimaprägung, jedoch deutlich kühler als im Mittelfränkischen Becken. Durch die Erhebung der Schiefergebirge im Norden und Osten werden der Einfluss von kontinentalen Kaltluftmassen und folglich Tieftemperaturen gemindert.

Die Region ist durch die jetzige Wetterstation Lautertal-Oberlauter des DWD (ca. 5 km nördlich der Altstadt von Coburg) gut repräsentiert mit dem aktuellen Mittelwert der Lufttemperatur von 9,1 °C und einer Jahresniederschlagssumme von 739 mm (Referenz 1991–2020). Messungen in der Region begannen bereits 1882. Eine zuverlässige Datenbasis ist seit 1947 vorhanden.

Nördliche Frankenalb (Fränkischer Jura)

Mit durchschnittlich 700 mm Niederschlag zählt die Nördliche Frankenalb zu den regenärmeren Gebieten Bayerns, was in Verbindung mit dem
verkarsteten Untergrund der Hochfläche zu trockenen Standortverhält-
nissen, einer Armut an verfügbarem Grundwasser sowie zur Ausbildung
von Trockentälern führte [9, 10].

Die Region hat erst seit 1990 eine DWD-Wetterstation in Gräfenberg-
Kasberg, verfügt aber über eine Vielzahl an Niederschlagsmessstellen.
Der aktuelle Mittelwert der Lufttemperatur beträgt 8,8 °C und die Jahres-
niederschlagssumme 930 mm (Referenz 1991–2020).

Oberes Maintal, Bayreuther-Kulmbacher Senke, Obermainisches Hügelland

Vergleichbar mit dem Bamberger Flussland auf der anderen Seite der
Frankenalb im Westen liegen auch die städtischen Zentren Kulmbach
und Bayreuth im langgestreckten Becken des die ganze Region prägen-
den Maintals. Die Folge ist auch hier das häufige Auftreten von aus-
tauscharmen Wetterlagen und Talinversionen. Relativ geringe Niederschläge um die 700 mm bis 750 mm Jahresniederschlag im Maintal zwischen der Stadt Bayreuth (350 m ü. NHN) bis zur Stadt Kulmbach
(305 m ü. NHN). Die durchschnittlichen Jahresmitteltemperaturen im
Obermainischen Hügelland außerhalb des Grundgebirges liegen derzeit
bei ca. 8 °C.

Die Region ist durch die jetzige DWD-Wetterstation Heinersreuth-
Vollhof (350 m ü. NHN, 4,5 km nordwestlich Stadtzentrum Bayreuth)
bzw. durch die Wetterstation der Universität Bayreuth im Ökologisch-
Botanischen Garten gut repräsentiert mit dem aktuellen Jahresmittelwert
der Lufttemperatur von 8,6 °C und einer Jahresniederschlagssumme von
719 mm (Referenz 1991–2020). Messungen in der Region begannen bereits 1851.

Frankenwald mit Kronacher Vorland und Münchberger Land und Bayrisches Vogtland einschließlich Hof

Die Erhebung des Reliefs aus der kollinen Vegetationsstufe des Obermainschen Hügellandes zwischen Sonneberg (400 m ü. NHN), Kronach (306 m ü. NHN), Kulmbach (294 m ü. NHN) und Bayreuth (351 m ü. NHN) auf die montane Vegetationsstufe der Bergketten des Thüringisch-Fränkischen Grundgebirges von bis zu knapp über 1000 m ü. NHN bedeute einen Rückgang der langjährigen Jahresmittel der Lufttemperaturen von gut 9 °C oder wärmer im Maintal (300 m ü. NHN) über 7 °C in Teuchnitz (633 m ü. NHN) oder Fichtelberg (654 m ü. NHN) bis auf rund 5 °C auf den Berggipfeln in 900 bis 1000 m ü. NHN. Die durchschnittlichen Niederschlagsmengen nehmen mit Werten um die 700 mm oder weniger im Maintal auf Werte deutlich über 1100 mm entlang der Bergkette zu. Viele Orte wie Schwarzenbach am Wald und Bad Steben (oder Weißenstadt im Fichtelgebirge) sind aufgrund ihrer Höhenlage und des Reizklimas staatlich anerkannte Luftkurorte und steuern somit einen großen Teil zum Einkommen der Bevölkerung bei.

Die Region des Frankenwaldes ist durch die jetzige DWD-Wetterstation Teuchnitz (633 m ü. NHN) gut repräsentiert mit aktuellen Mittelwerten der Lufttemperatur von 7,2 °C und einer Jahresniederschlagssumme von 1015 mm (Referenz 1991–2020). Messungen in der Region begannen bereits 1920. Eine zuverlässige Datenbasis ist seit 1948 vorhanden. Das Kronacher Vorland wird durch die Station Kronach auf 310 m ü. NHN mit einem Mittelwert der Lufttemperatur von 8,8 °C und einer Niederschlagssumme von 812 mm repräsentiert. Die Station existiert seit 1894. Eine zuverlässige Datenbasis ist seit 1949 vorhanden.

Die Region des Münchberger Landes und des Bayerischen Teils des Vogtlands östlich der Bergketten des Frankenwaldes und Fichtelgebirges ist durch die jetzige DWD-Wetterstation Hof-Hohensaas (565 m ü. NHN) gut repräsentiert mit aktuellen Mittelwerten der Lufttemperatur von 7,7 °C und einer Jahresniederschlagssumme von 711 mm (Referenz 1991–2020). Messungen in der Region begannen bereits 1945. Eine zuverlässige Datenbasis ist seit 1947 vorhanden. In der Stadt Hof gab es von 1881 bis 2006 eine weitere Station, für die ab 1889 Daten vorliegen. Eine zuverlässige Datenbasis ist seit 1947 vorhanden.

Fichtelgebirge

Laut der kulturlandschaftlichen Gliederung Bayerns [9] und beschrieben in [11] ist das Klima des Gebirges durch eine deutliche West-Ost Zonierung gekennzeichnet und ausgesprochen kühl-subkontinental geprägt. Am westlichen Steilaufstieg aus dem Obermaintal auf die Gipfelkette von Schneeberg und Ochsenkopf beträgt die Niederschlagsmenge gut 1100 mm oder mehr, im Osten der Region (Abfall in den Eger-Grabenbruch, Marktredwitz, Cheb) noch um die 600 mm. In der montanen Höhenzone herrscht generell ein raues, kühles Klima mit kalten Wintern und kühlen Sommern. Aufgrund der Öffnung der hufeisenförmigen Gebirgszüge nach Nordosten hin ist die Hochfläche stark windexponiert und die kalten kontinentalen Winde („Böhmischer Wind") führen dazu, dass hier teilweise kältere Durchschnittstemperaturen auftreten als in den umliegenden Gebirgszügen [9].

Zur Erklärung für das kontinental-humid charakterisierte Klima lässt sich heranziehen, dass das Thüringisch-Fränkische Grundgebirge und hier insbesondere Fichtelgebirge und Frankenwald als Luftmassen-Barriere Richtung Osten bzw. Westen einen Übergangsbereich zwischen ozeanisch und kontinental geprägten Luftmassen bildet. Die benachbarten Mittelgebirge im Westen, Steigerwald, Haßberge und Rhön werden noch stark durch den Atlantik beeinflusst mit milderen und regenreicheren Wintern, während das angrenzende Erzgebirge weiter im Osten deutlich kontinentalen Charakter mit kalten und trockenen Wintern aufweist. Dieser Übergangscharakter zeigt sich in der Verteilung der Niederschläge im Jahreslauf. Im westlichen Vorland des Fichtelgebirges (Bayreuth, Kulmbach) findet sich durch den Einfluss atlantischer Tiefs neben dem für Mitteleuropa typischen Sommermaximum ein zusätzliches Niederschlagsmaximum im Winter. Im östlichen Gebirgsvorland auf der kontinentalen Seite des Gebirges (Marktredwitz, Cheb) zeigt der Jahresgang der Niederschläge jedoch nur ein Sommermaximum [12].

Die Region ist durch die jetzige Wetterstation Fichtelberg-Hüttstadl gut repräsentiert mit aktuellen Mittelwerten der Lufttemperatur von etwa 7,0 °C und Jahresniederschlagssummen von 1153 mm (Referenz 1991–2020). Messungen in der Region begannen bereits 1929. Eine zuverlässige Datenbasis ist seit 1947 vorhanden.

5.4   Stadtklima in Bamberg und Bayreuth

Die Stadt Bamberg und durch die Tallage und die enge Bebauung auch Bayreuth [13] sind besonders warm. In beiden Städten liegt die offizielle Wetterstation des Deutschen Wetterdienstes aus Gründen der Vergleichbarkeit am Rande oder außerhalb der Stadt und kann (und soll) das spezielle Stadtklima nicht widerspiegeln. Durch lokale Initiativen der Bürger und der Universität in Bamberg und der Universität und Stadtverwaltung in Bayreuth gibt es aber Messprogramme, die das vorhandene Stadtklima recht gut widerspiegeln.

Bamberg

Neben der Wetterstation des DWD, die nach internationalen Richtlinien aufgebaut sind und ausgewertet werden [14], gibt es im Bamberger Stadtgebiet fast 100 private Wetterstationen. Auch wenn die Aufstellung der Sensoren nicht immer optimal ist, stellen sie eine wertvolle Ergänzung der Messungen dar und ermöglichen eine hohe räumliche Auflösung der Messwerte. Allerdings ist eine umfassende Qualitätskontrolle der Daten notwendig und nicht alle Stationen sind zu jeder Zeit nutzbar. Unter anderem das Verfahren, um aus massenhaft vorhandenen Daten mit aufwendigen statistischen Verfahren verwertbare Klimainformationen zu bekommen, wird als Crowdsourcing bezeichnet [15, 16]. Allerdings liegen diese Informationen dank der Initiative des Bürgervereins Bamberg Mitte e. V. erst seit 2022/2023 vor. Zuvor konnte nur grob geschätzt werden, wo sich die Wärmeinseln in der Stadt ausbilden und welche Temperaturunterschiede zum Umland auftreten könnten.

Zur Untersuchung der städtischen thermischen Belastung und Ermittlung der Wärmeinsel in Bamberg wurde einmalig während der heißen Tage 26. und 27.6.2019 an fünf Standorten im Stadtgebiet verteilt nahezu gleichzeitig gemessen, initiiert durch die Bürgerinitiative „Rettet den Hauptsmoorwald" und dem Bund Naturschutz Bamberg (Abb. 5.5). Die Messungen erfolgten mit einem sehr genauen Messgerät (Aspirationspsychrometer nach Aßmann [17]), um Zehntelgrade sicher auflösen zu können. Die zum Vergleich herangezogene DWD-Wetterstation Bam-

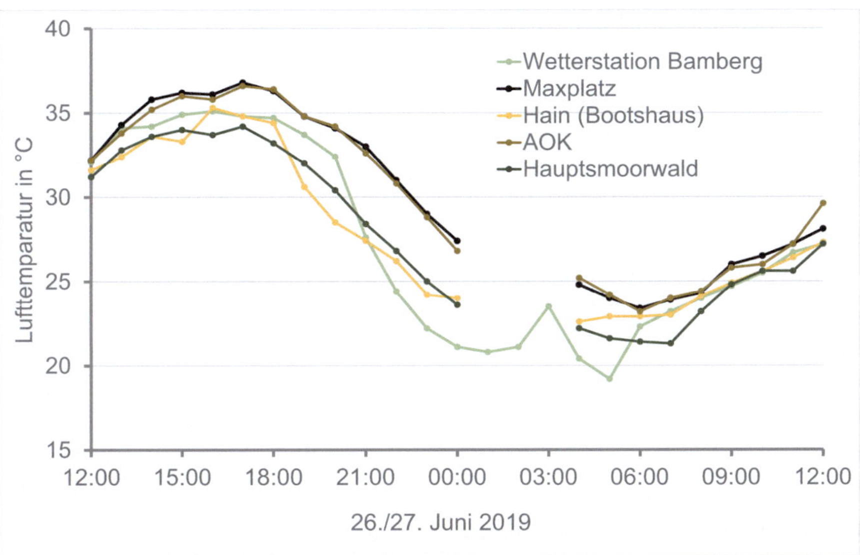

Abb. 5.5 Temperaturgang an den innerstädtischen Standorten am Maxplatz und im Bamberger Osten (AOK), im Hain und im Hauptsmoorwald sowie an der DWD-Wetterstation Bamberg im Südflur an einem heißen Tag (24-h-Messreihe in MESZ) der Bürgerinitiative „Rettet den Hauptsmoorwald" und des Bund Naturschutz in Bamberg unter wissenschaftlicher Begleitung der Autoren, aus [18]

berg südlich der Stadt zeigt ein typisches Temperaturverhalten für offene ländliche Standorte mit hoher Kaltluftbildungsrate. Die Temperatur weicht am Tage etwa 2 °C von der in städtischen Gebieten ab, in der Nacht teils mehr als 5 °C. Die kurzzeitige Erwärmung um 3 Uhr (MESZ) morgens erklärt sich durch den Aufzug einzelner Wolken oder durch Bildung von Dunst (Kondensationswärme). Es ist auch die einzige der in Abb. 5.5 gezeigten Stationen, an der keine Tropennacht gemessen wurde (nächtliches Minimum 20 °C und höher).

Die Unterschiede zwischen den überhitzen Teilen der Innenstadt und dem Bamberger Osten sind jedoch minimal. Der dicht bebaute Bamberger Osten (Messpunkt AOK) verhält sich folglich analog zu den überwärmten Bereichen der Bamberger Innenstadt. Beide Gebiete, bzw. die tagsüber durch Absorption von Sonnenlicht erhitzen Stadtteile bzw. Baukörpermasse, brauchen in der Nacht deutlich länger, um sich abzukühlen, als nicht erhitze Gebiete. Folglich „wächst" der Temperaturunterschied zu den tagsüber kühleren Standorten über die zweite Nachthälfte deutlich an, aber erreicht meist nicht das Abkühlungsniveau der kühler gebliebenen Gebiete. Damit beginnt innerstädtisch die morgendliche Erwärmung nach Sonnenaufgang bereits auf einem höheren Temperaturniveau und die Überhitzung kann sich während einer Hitzeperiode von Tag zu Tag regelrecht aufschaukeln.

Im Hauptsmoorwald im Osten der Stadt war es während der Untersuchung ständig etwa 3 °C bis 4 °C kühler als in der Innenstadt und tagsüber sogar kälter als an der Wetterstation Bamberg, was in beeindruckender Weise das Waldklima dokumentiert. Der große Park „Hain" erweist sich als ausgezeichnetes Naherholungsgebiet mit Temperaturen deutlich unter denen der überwärmten Stadtteile, am Tage fast im Bereich des Hauptsmoorwaldes. Außerdem ist der Hain zumindest im Bereich des linken Armes der Regnitz ein Kaltluftentstehungsgebiet. Dies zeigt sich eindeutig durch die Abkühlung ab ca. 19 Uhr MESZ, wenn das Gebiet des Bootshauses in den Schatten des westlich gelegenen „Berggebietes" kommt. Den Beginn der Kaltluftbildung ist auch an der DWD-Wetterstation messbar, allerdings dort erst ab Sonnenuntergang gegen 21 Uhr MESZ.

Im Frühjahr 2022 hat der Bürgerverein Bamberg Mitte e. V. begonnen, private Wetterstationen zu finanzieren und ein erstes kleines Messnetz auf der „Insel" zwischen den beiden Regnitzarmen aufzubauen. So konnte exemplarisch 2022 eine Tropennacht (Minima über 20 °C oder wärmer) genauer analysiert werden, indem mehrere Stationen in einem Gebiet qualitätsgeprüft und dann einem bestimmten Gebiet in Bamberg zugeordnet wurden [19]. Abb. 5.6 zeigt das Ergebnis mit einer Tropennacht nahezu ausschließlich nur in der „Innenstadt". Bereits die angrenzenden Gebiete mit niedrigerer und nicht mehr so dichter Bauweise erreichten keine Tropennacht mehr. Etwas kühler war es dann noch nahe der Regnitz und im unmittelbaren Einflussbereich des Hains. Im Jahr 2023 hat dann die Universität Bamberg begonnen, einen Großteil der Bamberger privaten Wetterstationen mit Sensorik der Firma Netatmo nach der Methode des Crowdsourcing zu bearbeiten und hinsichtlich der Datenqualität zu prüfen [20, 21]. Erste Ergebnisse konnten bereits präsentiert werden [22].

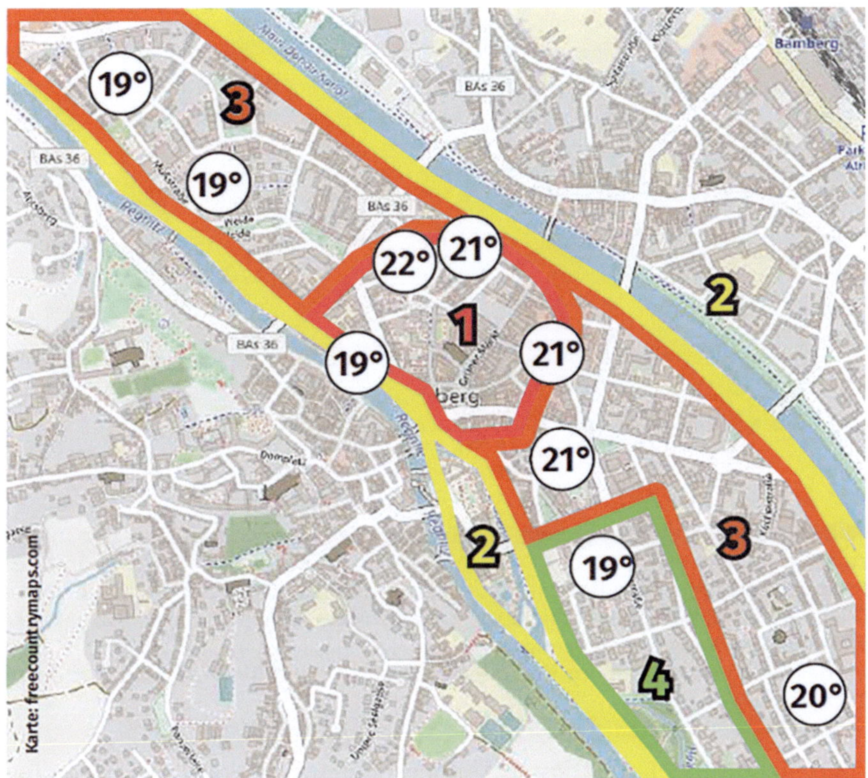

Abb. 5.6 Minimumtemperaturen in der Tropennacht am 20.7.2022. Es konnten folgende Zonen ermittelt werden: 1: Innenstadt, 2: Flussnahe Gebiete, 3: Gebiete außerhalb der Innenstadt, 4: Gebiet im Einflussbereich des Hains [19]. (© Bürgerverein Bamberg Mitte e. V.)

Noch anschaulicher ist eine ganzjährige Auswertung mittels eines Hovmöller-Diagramms (Abb. 5.7) [23], bei dem auf der x-Achse die Tageszeit in MEZ und auf der y-Achse die Tage des Jahres beginnend vom 1.1. zum 31.12.2023 dargestellt sind. Die Farben im Diagramm zeigen die Differenz der Lufttemperatur zwischen Innenstadt minus der DWD-Wetterstation im Südflur. Mit negativen Werten (Richtung Blau) sind die Zeiten gekennzeichnet, in denen die Lufttemperatur an der DWD-Wetterstation höher war und positive Werte (Richtung Rot) sind Zeiten, in denen die Lufttemperatur der Innenstadt wärmer war. In dem

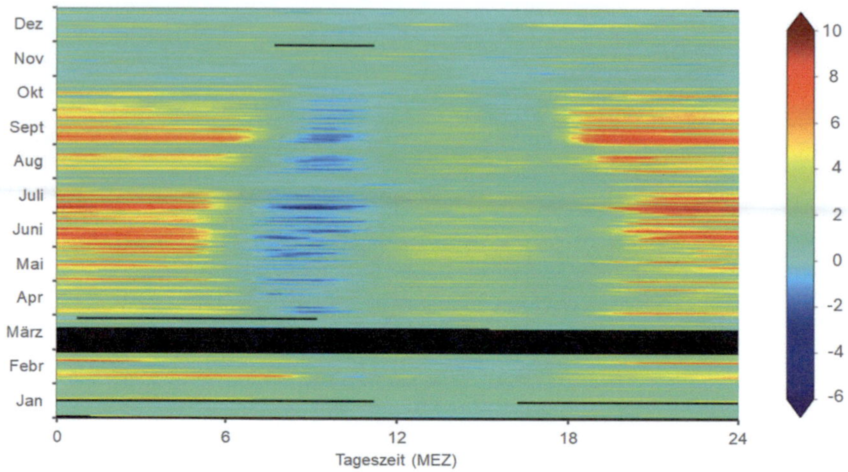

Abb. 5.7 Hovmöller-Diagramm der Temperaturdifferenz zwischen der Innenstadt von Bamberg minus der DWD-Wetterstation im Südflur für das Jahr 2023. Positive Werte Richtung Rot zeigen, dass die Innenstadt wärmer, negative Werte (Richtung Blau) kühler ist (siehe auch Text). Fehlmessungen sind schwarz gekennzeichnet. Die Bearbeitung erfolgte im Rahmen eines Masterseminars im Jahr 2024 an der Universität Bamberg durch Syed Zohair Ahmed Bin Ayaz, betreut durch Thomas Foken

Vierteljahr mit den niedrigsten Sonnenständen von November bis Januar gab es kaum Unterschiede. Auffällig sind höhere Temperaturen an der DWD-Wetterstation am Vormittag. Das Jahr 2023 war sehr trocken und über der trockenen Wiese an der DWD-Wetterstation hat sich die Luft schnell erwärmt, während sich die innerstädtische Station an der morgens kühleren und beschatteten Westseite einer Häuserfront befand. Ab mittags war die Innenstadt 2 °C bis 4 °C wärmer und in den Abend- und Nachtstunden bis zu 10 °C, vorwiegend in Tropennächten. Auffällig ist auch eine kühlere Witterungsperiode Ende Juli/Anfang August 2023.

Bayreuth

Die Abteilungen Mikrometeorologie und Klimatologie der Universität Bayreuth und die Verwaltung der Stadt Bayreuth führten gemeinsam und durch das Bayerische Landesamt für Gesundheit und Lebensmittelsicherheit finanziert zwischen Hebst 2018 und Ende 2020 ein wissenschaftliches Forschungsprojekt durch mit den Fragen, ob eine *„Minderung Städtischer Klima- und Ozonrisiken"* (abgekürzt MiSKOR) für die Stadt Bayreuth möglich ist und welche Maßnahmen zum Schutz der Umwelt und der Gesundheit der Menschen sinnvoll sind. Das Forschungsprojekt MiSKOR hatte das Ziel, durch ein besseres Ursachenverständnis in der Praxis anwendbare Planungshilfen zu entwickeln, um die negativen Folgen des Klimawandels, die Belastung durch den städtischen Wärmeinsel-Effekt und durch Ozon in und um Städte abzumildern und somit die Gesundheit der Einwohnerinnen und Einwohner in Bayreuth und Bayern zu verbessern. Zur Bearbeitung der Fragestellung wurden im Sommer 2018 (unter Leitung von Prof. Christoph Thomas und Mitautor Dr. Johannes Lüers) in jeweils 6 durch Wärme belasteten, dicht-verbauten Stadtregionen (Standorte 1, 2, 3, 4, 6, 12) und an kühleren Standorten (Standorte 5, 7, 8, 9, 10, 11) moderne Mikrowetterstationen aufgebaut und in Betrieb genommen (Abb. 5.7). Die vollautomatischen Wetterstationen können die Messdaten nahezu in Echtzeit über Mobilfunk an einen Remote-Server übertragen. Die meisten Geräte wurden an den Pfosten von Straßenlaternen montiert, drei wurden auf einem Gitterturm (Nr. 8, 14 und 15) und zwei (Nr. 2 und 12) an einer Gebäudestruktur befestigt. Die Messhöhe wurde auf 3,5 m über dem Boden festgelegt (außer der auf dem Dach des Karstadt-Gebäudes in 20 m über Straßenniveau). Um die meisten meteorologischen Kurzzeitereignisse abzudecken, wurde eine zeitliche Auflösung von 5-Minuten-Intervallen gewählt.

Zur Prüfung der MiSKOR-Wetterstationen, wurde eine Feldbewertung der Geräte durchgeführt und die Sensoren mit der permanenten Hauptwetterstation der Universität Bayreuth verglichen und bei Bedarf eine Fehlerkorrektur bestimmt [25].

Die Standorte (Abb. 5.7) wurden ausgewählt, um gezielt die maximale Wetterinformation für die repräsentativen Stadtgebiete mit unterschiedlicher Versiegelungsdichte, Gebäudehöhe, Nähe zu den Hauptverkehrsachsen, Grün-, Park- oder Wasserflächen herauszufinden. Der Hofgarten (Nr. 9), die Naherholungsgebiete um den Röhrensee (Nr. 11) und in der Wilhelminenaue (Nr. 10) sowie die Gewässerufer am Mainzulauf der Mistel (Nr. 8) und am Pegelhaus im Flusslauf Roter-Main (Nr. 7) repräsentieren die wichtigsten Grünflächen der inneren Stadt. Altstadt (Nr. 4),

Birken (Nr. 5) und St. Georgen (Nr. 3) liegen in typischen, lockerer bebauten Wohn-/Gartengebieten mittelgroßer Städte, der Standort Spinnerei (Nr. 6) gilt als typisches, versiegeltes Gewerbe- und Einkaufsgebiet und die Standorte im unmittelbaren Stadtzentrum (Markt Nr. 1, Kämmereigasse Nr. 2 und Dachterrasse Karstadt Nr. 12) finden sich in einem hochversiegelten Wohn- und Gewerbegebiet. Als Referenzmessstation (Nr. 16) dient die nach internationalen Messstandards seit 1994 betriebene Klimastation im Ökologisch-Botanischen Garten der Universität Bayreuth [26].

Die Aufstellung in Tab. 5.1 und Abb. 5.8 belegen, dass z. B. das dichtversiegelte und engbebaute Innenstadtgebiet um die Kämmereigasse und die dicht versiegelte, aber offenere Fußgängerzone um den Markt zwar beide die größte Anzahl an Sommertagen und die kleinste Zahl an Tagen mit strengem Frost aufweisen, sich jedoch bei den schwülen Tagen unterscheiden (Kämmerei nur 32 aber Markt 41). Dieser unerwartete Unterschied der dichtbebauten Fußgängerzone am Markt in der Innenstadt Bayreuths ist eventuell durch die künstlichen Wassergräben und den dortigen Baumbestand bedingt. Die Wohn-/Gartenviertel Birken und Altstadt sowie das Gewerbegebiet Spinnerei und der Markt liegen bezüglich heißer Tage am oberen Ende und zeigen die größte Überhitzung, bei den schwülen Tagen liegen sie jedoch im Mittelfeld. Zu erwarten war die Einordnung, dass der Hofgarten unter dem Kronendach der Parkbäume die geringste Zahl an heißen Tagen und Sommertagen aufweist, gefolgt von den Grünflächen bis zum Röhrensee und einem Teil der Wohngebiete, die im Mittelfeld liegen. Die große, offenen Grünfläche Wilhelminenaue direkt im Flusstal des Roten Mains und der grüne Finger des Mistelbaches im Westen zählen erwarteter Weise die meisten schwülempfundene Tage bedingt durch das Wasserdargebot der Flussauen.

Als Schlussfolgerung für andere vergleichbare Städte belegt dieses einfache Beispiel, dass trotz der mittleren Stadtgröße erhebliche Unterschiede existieren und sich sowohl überhitzte trockene und überhitzte feucht/schwüle wie auch mäßigt temperierte, aber feucht/schwüle Stadtgebiete ausbilden werden. Für stadtplanerische Entscheidungen heißt das, es müssen je nach Stadt angepasst diese bioklimatischen Kenndaten für alle relevanten Stadtteile statistisch ermittelt werden, sodass diese Information gezielt für jedes einzelne Planvorhaben als Entscheidungsgrundlage zur Verfügung steht.

Tab. 5.1 Aufstellung ausgewählter Messstandorte Stadtgebiet Bayreuth. Anzahl: Tage Frost (<-5 °C), Sommertage (≥ 25 °C), Heißer Tage (≥ 30 °C), schwülempfundener Tage ($\geq 13{,}5$ g m^{-3}) und Tage mit Windgeschwindigkeit >3 m s^{-1}; jeweils Jahr 2019. MiSKOR-Messnetz, Messhöhen 3,5 m ü. Grund (*ÖBG Wind aus 17 m ü. Grund), aus [24]

Messort	Anz. Tage <-5 °C	Messort	Anz. Tage ≥ 25 °C	Messort	Anz. Tage ≥ 30 °C	Messort	Anz. Tage Schwüle	Messort	Anz. Tage Wind >3 ms^{-1}
Kämmerei	7	Hofgarten	50	Hofgarten	12	St. Georg.	31	Röhrensee	10
Markt	8	Wilh.Aue	57	Wilh.Aue	17	Kämmerei	32	Altstadt	14
Hofgarten	10	Mistel	60	Mistel	21	Birken	34	Birken	23
St. Georg.	10	Röhrensee	64	St. Georg.	21	Hofgarten	36	St. Georg.	27
Spinnerei	14	Birken	64	Röhrensee	23	Altstadt	36	Hofgarten	33
Altstadt	15	St. Georg.	66	ÖBG	23	Spinnerei	37	Markt	41
Birken	16	Spinnerei	66	Kämmerei	23	Röhrensee	38	Kämmerei	57
Wilh.Aue	17	Altstadt	66	Birken	24	Markt	41	Mistel	82
Röhrensee	17	ÖBG	66	Altstadt	25	ÖBG	42	Spinnerei	91
Mistel	21	Markt	66	Spinnerei	26	Mistel	46	Wilh.Aue	252
ÖBG	24	Kämmerei	68	Markt	27	Wilh.Aue	48	ÖBG*	302

Abb. 5.8 Messstandorte des MiSKOR-Projektes verteilt in der Stadt Bayreuth, Stand 2020. 15 automatische, fest installierte Mikro-Wetterstationen (ATMOS-41, Metergroup U.S.A.) und Referenzstation im Ökologisch-Botanischen Garten der Universität Bayreuth (ÖBG, seit 1994). Messbeginn der MiSKOR-Stationen im September 2018, Messhöhe 3,5 m ü. Grund. Echtzeit-Datenübertragung über das Mobilfunknetz. Das Messnetz ist seit 2020 im Routinebetrieb (einige Standorte wurden und werden je nach Fragestellung verlegt). (Karte Luftbild Copyright: geoportal.bayern.de, Bayerische Vermessungsverwaltung, EuroGeographics, aus [24])

In Bayreuth als Richtschnur für die meisten vergleichbaren Städte in Bayern ließ sich belegen, dass allein innerhalb des Stadtgebietes von Bayreuth Lufttemperaturunterschiede bezogen auf Stundenwerte in Einzelfällen der zwei Jahre 2019 und 2020 zwischen 7 °C und 9 °C auftreten können. Statistisch liegen die meisten Fälle zwischen 1 °C und 4 °C, und immerhin 10 % aller Fälle deutlich über 4 °C Unterschied (Abb. 5.9). Und dies nicht nur, wie sich vielleicht vermuten lässt, über die Sommer-

Abb. 5.9 Mittlere Tagesgänge der Unterschiede (a) der Lufttemperatur und (b) der absoluten Luftfeuchte für die Monate Januar, April, Juli und September 2019. MiSKOR-Messnetz Bayreuth: Vergleich für (a) Kä = Kämmerei und BG = Referenzstation Ökologisch-Botanischer Garten Universität Bayreuth; Vergleich für (b) Kä = Kämmerei und Wa = Wilhelminenaue. Temperatur- bzw. Feuchteabweichung jeder Einzelstation vom Durchschnitt über alle Messstationen (= Gebietsmittel rote, horizontale Strichlinie). Zeit MEZ, aus [24]

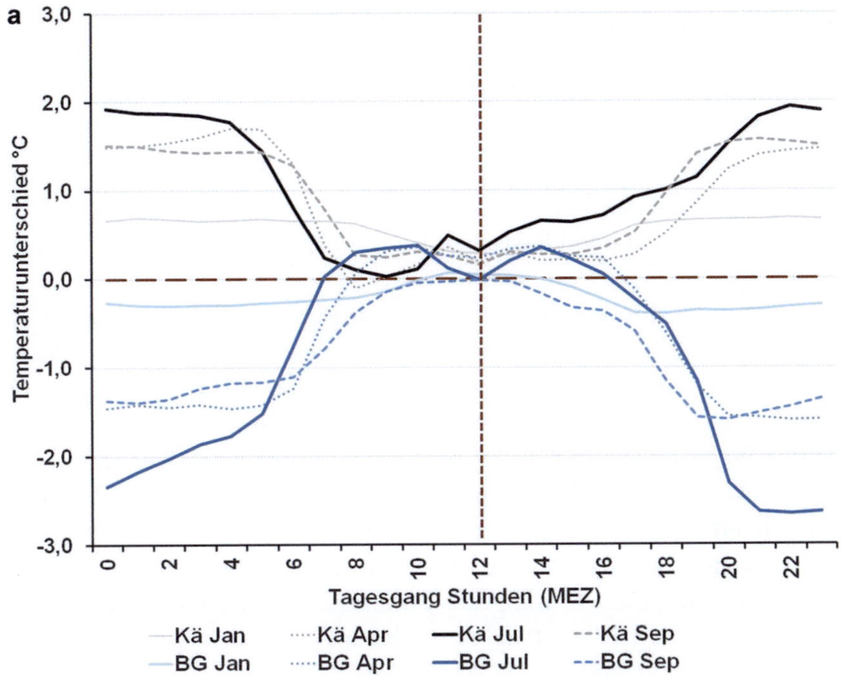

a
3,0
2,0
1,0
0,0
-1,0
-2,0
-3,0
Temperaturunterschied °C
0
2
4
6
8
10
12
14
16
18
20
22
Tagesgang Stunden (MEZ)
Kä Jan
Kä Apr
Kä Jul
Kä Sep
BG Jan
BG Apr
BG Jul
BG Sep

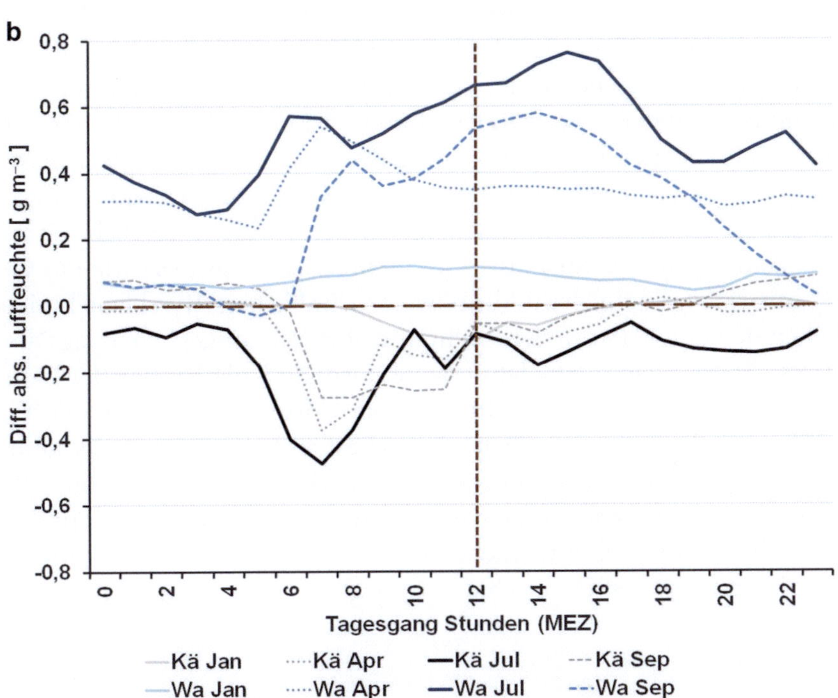

b
0,8
0,6
0,4
0,2
0,0
-0,2
-0,4
-0,6
-0,8
Diff. abs. Luftfeuchte [g m⁻³]
0
2
4
6
8
10
12
14
16
18
20
22
Tagesgang Stunden (MEZ)
Kä Jan
Kä Apr
Kä Jul
Kä Sep
Wa Jan
Wa Apr
Wa Jul
Wa Sep

zeit, sondern auch signifikant im Frühling und Herbst und zeitweise mitten im Winterzeitraum. Unterschiede von 4 °C bis 7 °C machen sich nicht nur während Hitzeperioden bioklimatisch belastend bemerkbar (30 °C zu 37 °C), sondern auch hinsichtlich Frostgrenzen (−3 °C zu 4 °C) im Winter oder bei den klassischen Kälterückfällen im Spätfrühling oder Frühherbst.

In Abb. 5.9a sind die mittleren Tagesgänge der Unterschiede der Lufttemperatur und in Abb. 5.9b die Unterschiede der absoluten Luftfeuchte für die Monate Januar, April, Juli und September 2019 aufgetragen, um auch die Spannweite des urbanen Effektes im Jahresverlauf aufzuzeigen. Positive Werte bedeuten wärmer bzw. feuchter und negative Werte kälter bzw. trockener als das Gebietsmittel. Für die Temperatur wurde jeweils die hochversiegelte, vegetationsfreie und dichtbebaute Innenstadt um die Kämmereigasse (Kä) mit der Station mit dem größten Gegensatz (hier BG = Referenzstation Ökologisch-Botanischer Garten Universität Bayreuth) und bezüglich Luftfeuchte die Kämmereigasse (Kä) und entsprechend die Wilhelminenaue (Wa) verglichen.

Die größten Temperaturunterschiede mit einem Betrag von über 4 °C im Monatsdurchschnitt Juli finden sich zwischen Kämmerei und dem Ökologisch-Botanischen Garten der Universität Bayreuth (BG) im Sommer und hier in der Regel zwischen Juni und August. Bei der Lufttemperatur zeigt sich ein typischer Tagesgang der zwischen Innerstadt (Kä) und den offenen Grünflächen (BG) gegenläufig ist. Die Innenstadt (schwarz und graue Linien) bleibt unabhängig von der Jahreszeit deutlich wärmer (nachts, morgens, abends) oder gleichtemperiert (tagsüber) wie das Gebietsmittel. Und umgedreht, die offenen Grünflächen (BG, blaue Linien) bleiben deutlich kälter in der Nacht und ebenfalls ausgeglichen tagsüber. Dieses Muster bleibt übers Jahr erhalten, lediglich die Beträge der Differenzen sind im Winter (Jan.) für beide Standorte am geringsten (±1 °C).

Wie sich die unterschiedlich städtische Landnutzung auf das räumliche und zeitliche Luftfeuchteangebot bemerkbar macht zeigt Abb. 5.9b. Die verbaute Innenstadt (Messstation Kämmerei Kä) bleibt von Frühling bis Herbst und tagsüber trockener als das Gebietsmittel. Der Winter ist ohne Tagesgang des Unterschieds ausgeglichen. Auffällig ist, dass die dicht verbaute Innenstadt in den Morgenstunden (ca. zwischen 4 und 10 Uhr MEZ je nach Sonnenstand) deutlich trockener als das Gebietsmittel von ganz Bayreuth bleibt, wohingegen die Grünzonen wie vor allem die Wilhelminenaue (Wa) und Mistel (nicht gezeigt), aber auch die begrünten Wohnviertel Birken oder Altstadt (nicht gezeigt) zur gleichen Zeit einen Feuchtezuwachs aufweisen. Die größte Jahresvariation der Feuchte zeigt die im Rotmaintal gelegene Wilhelminenaue in Osten Bayreuths auf. Die Aue (im Sommer und Herbst) zeigt einen ähnlichen und im Vergleich zu den anderen Standorten deutlich mehr geprägten Tagesgang aus dem Minium der Unterschiede zum Gebietsmittel in den frühen Morgenstunden kommend in einen beständigen bis raschen Anstieg der Feuchte über Mittag und den Nachmittag übergehend, um dann in den Abendstunden wieder aufs nächtliche Niveau abzufallen. Interessant ist, dass sich z. B. in den Wohnvierteln Birken (hier nicht gezeigt) und Altstadt oder auch am Markt der umgedrehte Effekt zeigt: Feuchtezunahme in den Morgenstunden, tagsüber ein Rückgang und ein erneuter Anstieg nach Sonnenuntergang. Die Gründe dafür sind wieder vielseitig durch die Standortunterschiede bei Bodenversiegelung, Wasserdargebot, Verdunstungsvermögen, Wärmehaushalt oder Sonneneinstrahlung bedingt.

Als Schlussfolgerung aus den Kampagnen in Bamberg und Bayreuth zeigt sich erneut, dass die existierenden räumlichen und jahreszeitlichen Unterschiede biometeorologischer Größen innerhalb einer ganzen Stadt erheblich sind und der urbane Klimaeffekt nicht nur im Sommer (Hitzestress), sondern auch in den Übergangsjahreszeiten bis in den Winter (Kältestress) hinein wie auch zu unterschiedlicher Tageszeit auftritt und nur mithilfe eines ausreichend großen und je nach Stadt angepassten Messnetzes erfasst und charakterisiert werden kann. Diese in einer Stadt verteilten Unterschiede dienen als Maß für mögliche bioklimatische Belastungen der Stadtbürgerinnen und -bürger in ihrem entsprechenden Stadtviertel. Deren statistische und damit allgemeingültige Erfassung pro Stadtteil inkl. der jahres- und tageszeitlichen Variation dient als entscheidende Grundlage für gezielte, räumlich differenzierte Minderungsstrategien. Der Aufbau eines mikrometeorologischen Messnetzes wie das

MiSKOR oder Bamberger Beispiel beweisen, ist heute ohne größeren Aufwand technisch und finanziell machbar und nötig, um gezielt städtebauliche Planvorhaben sachgemäß und im Sinne der Schutzintension der Gesetze z. B. zur Belastungsminderung, -vermeidung oder Klimawandelanpassung durchzuführen.

Literatur

1. Chmielewski F, Heider S, Moryson S, Bruns E (2013) International phenological observation networks – Concept of IPG and GPM. In: Schwartz MD (Hrsg) Phenology: an integrative environmental science, 2. Aufl. Springer, Dordrecht, S 137–153
2. Chmielewski F (2017) Internationaler Phänologischer Garten. In: Foken T, Lüers J, Aas G, Lauerer M (Hrsg) Unser Klima – Im Garten, im Wandel. Ökologisch-Botanischer Garten der Universität Bayreuth, Bayreuth, S 27–29
3. Reichel D (1979) Wuchsklima-Gliederung von Oberfranken auf pflanzenphänologischer Grundlage. Berichte der Akademie für Naturschutz und Landschaftspfl 3:73–75
4. Ellenberg H (1956) Naturgemäße Anbauplanung, Melioration und Landespflege – Landwirtschaftliche Pflanzensoziologie, Bd 3. Ulmer, Stuttgart
5. Bolze A, Lauerer M, Horbach H-D, Hertel E, Kruse J, Feulner M, Stahlmann R, Walentowitz A, Breitfeld M, Aas G (Hrsg) (2024) Flora von Bayreuth und Umgebung. Selbstverlag Naturwissenschaftliche Gesellschaft Bayreuth, Bayreuth
6. Lüers J, Foken T (2024) Das Klima des Bayreuther Raumes – im Wandel. In: Bolze A, Lauerer M, Horbach H-D et al (Hrsg) Flora von Bayreuth und Umgebung. Selbstverlag Naturwissenschaftliche Gesellschaft Bayreuth, Bayreuth, S 10–15
7. Schönwiese C-D (2024) Klimatologie, 6. Aufl. Ulmer, Stuttgart
8. Kubistin D, Plaß-Dülmer C, Kneuer T, Lindauer M, Müller-Williams J (2025) ICOS ATC NRT Meteo growing time series, Ochsenkopf (2.5 m)
9. LfU. https://www.lfu.bayern.de/natur/kulturlandschaft/gliederung/index.htm. Zugegriffen am 15.09.2025
10. Popp H, Bitzer K, Porada HT (Hrsg) (2019) Die Fränkische Schweiz – Traditionsreiche touristische Region in einer Karstlandschaft, Bd 81. Landschaften in Deutschland/Böhlau, Köln/Weimar/Wien

11. Foken T (2003) Lufthygienisch-Bioklimatische Kennzeichnung des oberen Egertales. Bayreuther Forum Ökol 100:69+XLVIII
12. Lüers J, Foken T (2004) Klimawandel in Oberfranken. Der Siebenstern 73:149–153
13. Foken T (2007) Das Klima von Bayreuth, Status quo und Aufgaben für die Stadtplanung. Standort – Z für Angew Geograph 31:150–152. https://doi.org/10.1007/s00548-007-0045-x
14. WMO (2024) Guide to Instruments and Methods of Observation, WMO-No. 8, Volume I – Measurement of Meteorological Variables. World Meteorological Organization, Geneva
15. Budde M (2021) Crowdsourcing. In: Foken T (Hrsg) Springer Handbook of Atmospheric Measurements. Springer Nature, Cham, S 1201–1233. https://doi.org/10.1007/978-3-030-52171-4_44
16. Foken T, Bechtel B, Budde M, Fenner D, Knechtel R, Meier F (2022) Crowdsourcing als Möglichkeit zur Gewinnung atmosphärischer Messdaten. Gefahrstoffe – Reinhaltung der Luft 82(07–08):209–219
17. Foken T (Hrsg) (2021) Springer Handbook of Atmospheric Measurements. Springer Cham. https://doi.orgg/10.1007/978-3-030-52171-4
18. Foken T (2025) Bamberg im Klimawandel, 2. Aufl. Books on Demand GmbH, Norderstedt
19. Keil D, Foken T, Küffner H (2023) Messen … und handeln. Inselrundschau 35(1):8–9
20. Fenner D, Bechtel B, Demuzere M, Kittner J, Meier F (2021) CrowdQC+ – A quality-control for crowdsourced air-temperature observations enabling world-wide urban climate applications. Front Environ Sci 9:720747. https://doi.org/10.3389/fenvs.2021.720747
21. VDI (2024) Umweltmeteorologie, Meteorologische Messungen, Crowdsourcing (VDI 3786, Blatt 24). DIN Media, Berlin
22. Ackermann L, Akcabay S, Benabbas A, Khalil RE, Nicklas D Enhancing Data Quality and Collaboration in Participatory Climate Data Crowdsensing. In: 2024 IEEE International Conference on Pervasive Computing and Communications Workshops and other Affiliated Events (PerCom Workshops), 11–15 March 2024 2024. S 655–660. https://doi.org/10.1109/PerComWorkshops59983.2024.10502897
23. Persson A (2017) The Story of the Hovmöller Diagram: An (Almost) Eyewitness Account. Bull Amer Meteorol Soc 98(5):949–957. https://doi.org/10.1175/BAMS-D-15-00234.1

24. Thomas C, Lüers J, Samimi C, Nabavi SO (2021) Schlussbericht zum Forschungsvorhaben „Minderung Städtischer Klima- und OzonRisiken (MiSKOR)" im Rahmen des Verbundprojekts „Klimawandel und Gesundheit" Bayerischen Staatsministeriums für Umwelt und Verbraucherschutz und Bayerischen Landesamtes für Gesundheit und Lebensmittelsicherheit, München

25. Thomas CK, Linhardt T, Schneider J, Olesch J (2019) Field evaluation of the micro-weather station MA-4100 (ATMOS-41) – Comparison of the observational device used in the Trans-African Hydro-Meteorological Observatory (TAHMO) against WMO-grade instruments at the Ecological Botanical Gardens, University of Bayreuth, Germany. Universität Bayreuth, Mikrometeorologie, Bayreuth

26. Lüers J, Soldner M, Olesch J, Foken T (2014) 160 Jahre Bayreuther Klimazeitreihe, Homogenisierung der Bayreuther Lufttemperatur- und Niederschlagsdaten. Arbeitsergebn, Univ Bayreuth, Abt Mikrometeorol, ISSN 1614-8916 56:52. https://doi.org/10.15495/EPub_UBT_00001758

6

Klimawandel in Oberfranken

Wohl jeder hat in der einen oder anderen Weise wahrgenommen, dass es wärmer geworden ist. Dabei ist diese Wahrnehmung bisher eher mit angenehmen Ereignissen assoziiert, wie ein Besuch im Biergarten bis spät in die Abendstunden, Kulturereignissen im Freien oder auch nur schöne Tage im Garten und im Schwimmbad. Manchmal war es dann aber doch sehr heiß und die Innenstädte waren fast menschenleer. Dramatischer wird uns der Klimawandel jedoch im Winter bewusst, wenn die Älteren erzählen, dass sie in ihrer Jugend regelmäßig zum Skifahren nach Wattendorf vor den Toren von Bamberg gefahren sind, oder wenn wir heute mit unseren Kindern sehnsüchtig auf einen Tag warten, um mit dem Schlitten rodeln zu können. In unserer Wahrnehmung spielen derartige Ereignisse eine bedeutendere Rolle als Mittelwerte, die uns die Wissenschaft präsentiert und für die wir kein eigenes Gefühl entwickelt haben. Da Oberfranken bisher nur selten dramatische Unwetter aufweist, bleibt meist das angenehme Gefühl des zeitigeren Frühjahrs, der wärmeren Sommerabende und schöner Freizeitereignisse dominierend gegenüber möglichen Ängsten vor dem Klimawandel. Und in der Tat ist es so, dass der Anstieg der mittleren Temperatur, der uns in Bamberg Temperaturen beschert, wie sie vor 50 Jahren in den wärmsten Gebieten Deutschlands

T. Foken, J. Lüers, *Oberfranken im Klimawandel*, https://doi.org/10.1007/978-3-662-71651-9_6

im Rhein-Main-Gebiet zwischen Karlsruhe und Frankfurt üblich waren, oder dass sich die Temperaturen im Fichtelgebirge immer mehr denen von Bamberg annähern, was uns den Klimawandel nicht wirklich spürbar macht. Bei Betrachtung von Extremwerten sowie deren Häufigkeiten und typische jahreszeitliche Abweichungen wird jedoch auch in unserer Region der Klimawandel sehr deutlich. Als im Sommer 2022 hohe Lufttemperaturen und eine lange Trockenperiode zusammenfielen und die Bäume schon im August ihr Laub verloren und Wiesen verdorrt waren, ist dann den meisten doch aufgefallen, dass mit unserem Wetter und Klima etwas nicht stimmen kann.

6.1   Mittelwerte der Lufttemperatur

Die Wissenschaft untersucht die Veränderung des Klimas mittels Mittelwerte und Summen von meteorologischen Messgrößen. Die letzten Jahre des 19. Jahrhunderts waren in unserer Gegend besonders kühl im Gegensatz zu der globalen Temperatur in diesem Zeitraum. Eine kurzzeitige Erwärmung war am Ende der 1940er-Jahre überall durch natürliche Klimaschwankungen zu verzeichnen. Ein merklicher Temperaturanstieg ist aber erst ab etwa 1980 deutlich sichtbar.

Wie bereits in Abb. 1.4 gezeigt, übersteigt die Erwärmung der Kontinente die globalen Werte deutlich und Mittel- und Nordeuropa gehören nach der Arktis zu den Gebieten einer besonders starken Erwärmung [1]. Die offiziell mitgeteilten Werte für Deutschland scheinen dies aber noch nicht widerzuspiegeln. So wurde bislang aus dem linearen Trend 1881 bis 2020 eine Erwärmung von 1,64 °C mitgeteilt [2]. Für Bayern wurde aus einem linearen Trend 1951 bis 2019 eine Erwärmung von 1,9 °C ermittelt [3]. Von Wissenschaftlern wurde immer wieder die Methode des linearen Trends kritisiert, denn je nach Wahl des Intervalls kommt es zu völlig unterschiedlichen Werten. Vom Deutschen Wetterdienst (DWD) wurde deshalb in den letzten Jahren auch der Trend auf der Grundlage von 10-Jahresmitteln dargestellt [4], was einer Erwärmung für den Zeitraum 2011 bis 2020 von mindestens 2 °C entspricht. Trendangaben in diesem Buch folgen der vorgeschlagenen Methodik.

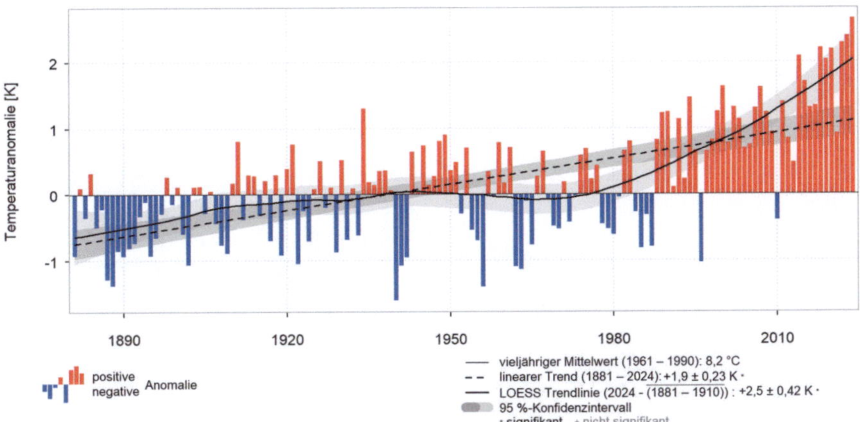

Abb. 6.1 Trend der Temperaturanomalie für Deutschland bezogen auf Jahres-mittelwerte der Lufttemperatur. Abweichungen werden gegenüber der Referenz-periode 1961–1990 gezeigt. Neben linearen Trends ist auch der angepasste Trend nach der LOESS-Methode eingetragen [5], www.dwd.de/zeitreihen, Abdruck mit freundlicher Genehmigung des DWD

Anfang 2025 hat nun (endlich) der DWD, dem Beispiel einiger anderer Länder folgend, eine bessere statistische Methode zur Trendbestimmung eingeführt [5]. Dieses sogenannte LOESS-Verfahren (LOcally Estimated/weighted Scatterplot Smoothing [6]), bei dem zu jedem Zeitpunkt eine Glättung des Temperaturtrends unter Berücksichtigung der Streuung der Messwerte in der Umgebung erfolgt, zeigt deutlich die starke Erwärmung in den letzten Jahrzehnten, aber auch die kurzzeitige Abkühlung in den 1960er-Jahren. Nach diesem Verfahren ergibt sich bis 2024 für Deutschland eine Erwärmung von 2,5 °C gegenüber dem Zeitraum 1881 bis 1910 (Abb. 6.1), für Bayern von 2,6 °C.

Für Bamberg beträgt der Trend etwa 0,5 °C pro zehn Jahre. Allein der Gang der Lufttemperatur für Bamberg verdeutlicht die bereits eingetretene Erwärmung von ca. 2,1 °C, wenn die aktuelle Referenzperiode 1991 bis 2020 mit dem vorindustriellen Wert verglichen wird. Es sind sogar 3,0 °C, wenn nur die letzten zehn Jahre 2015 bis 2024 betrachtet werden, was für die aktuelle Beschleunigung des Klimawandels spricht (Abb. 6.2) [7]. Das ist sogar etwas mehr als die Angaben für Deutschland

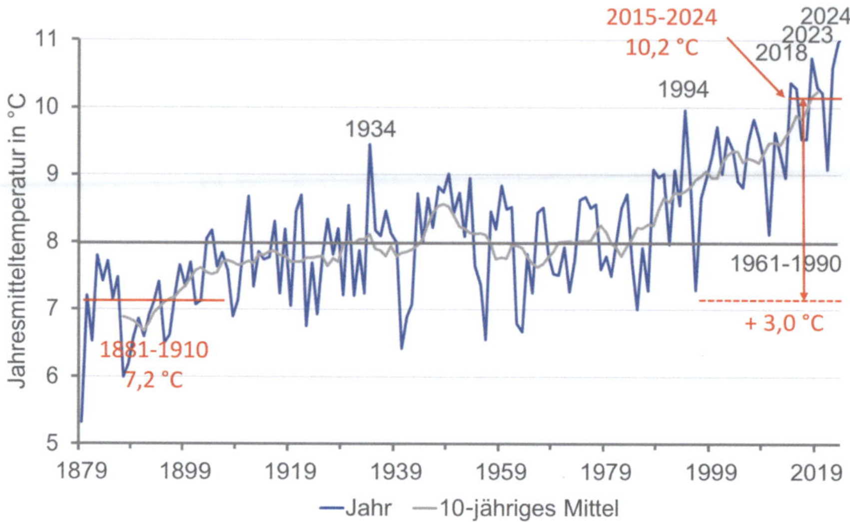

Abb. 6.2 Homogenisierte Bamberger Klimareihe 1879–2024 und jeweiliger Referenzwert (1961–1990) der Lufttemperatur. Um Trends besser zu erkennen, sind neben den Jahreswerten die über zehn Jahre gleitend gemittelten Werte zusätzlich eingetragen, aus [8]. (Daten: DWD und [9, ergänzt])

[4], da die letzten sehr warmen Jahre mit einbezogen wurden. Dabei lagen die Jahresmitteltemperaturen der Jahre 2023 und 2024, mit 11,0 °C bzw. 11,1 °C die höchsten in Bamberg gemessenen, fast 4 °C über dem vorindustriellen Niveau (für Bamberg 1881 bis 1910, siehe Abschn. 1.3).

Dieser Trend gilt für ganz Oberfranken, wobei der folgerichtig in Hof auf einem kühleren Niveau als in Bamberg erfolgt. Wegen der drastischen Temperaturzunahme in den letzten vier Jahrzehnten verwendet auch der DWD bei derartigen Darstellungen 10-Jahresmittel (Dekadenmittel) [4] statt der üblichen 30-Jahresmittel. Abb. 6.3 zeigt diese für den Zeitraum 1951 bis 2020 für die Städte Bamberg, Bayreuth, Hof und für Fichtelberg-Hüttstadl im Fichtelgebirge. Zusätzlich wird die Prognose für das Jahrzehnt 2021 bis 2030 gezeigt unter Annahme des gegenwärtigen Temperaturtrends von 0,5 °C pro Jahrzehnt. Es ist zu erkennen, dass die Temperatur in Bayreuth im Zeitraum 2011 bis 2020 der von Bamberg zehn Jahre früher für 2001 bis 2010 entspricht. Vergleichbar sieht es für

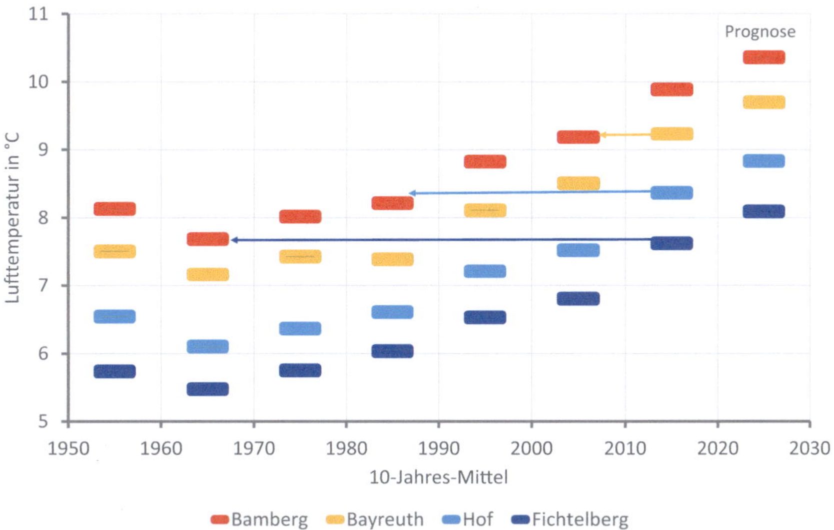

Abb. 6.3 Dekadenmittel der Lufttemperatur in Bamberg, Bayreuth, Hof und Fichtelberg-Hüttstadl von 1951 bis 2020, nach [13] modifiziert. (Daten: DWD, homogenisiert)

Hof aus, wo die Temperatur des letzten Jahrzehnts bis 2020 denen der Bamberger Temperatur der 1980er-Jahre entspricht. Bezüglich Fichtelberg-Hüttstadl entsprechen die zehn Jahre bis 2020 sogar denen aus den 1960er-Jahren in Bamberg. Damit ist die Bezeichnung „Bayerisch Sibirien" [10] für das Bayerische Vogtland heute nicht mehr angemessen, auch wenn die Region eine der kältesten in Bayern bleibt. Der Begriff wurde von Prof. Heinrich Vollrath (1929–2020) [11, 12] geprägt, der sich um das Klima Nordostbayerns verdient gemacht hat. Im Gegensatz zu Oberbayern, wo Föhnereignisse immer einmal für wärmere Tage sorgten, waren die Gebiete östlich von Bamberg in der Vergangenheit immer trüb und kühl mit langanhaltender Schneedecke [10]. Fuhr man im Frühjahr von Bamberg nach Bayreuth, so setzte dort die Pflanzenentwicklung mindestens zwei Wochen später ein und im Fichtelgebirge lag noch Schnee. Heute ist das nicht mehr in dem Maße auffällig.

Bei den Wintertemperaturen (Abb. 6.4) sind die Abweichungen von sehr kalten Wintern vom Referenzwert deutlich größer als die von sehr

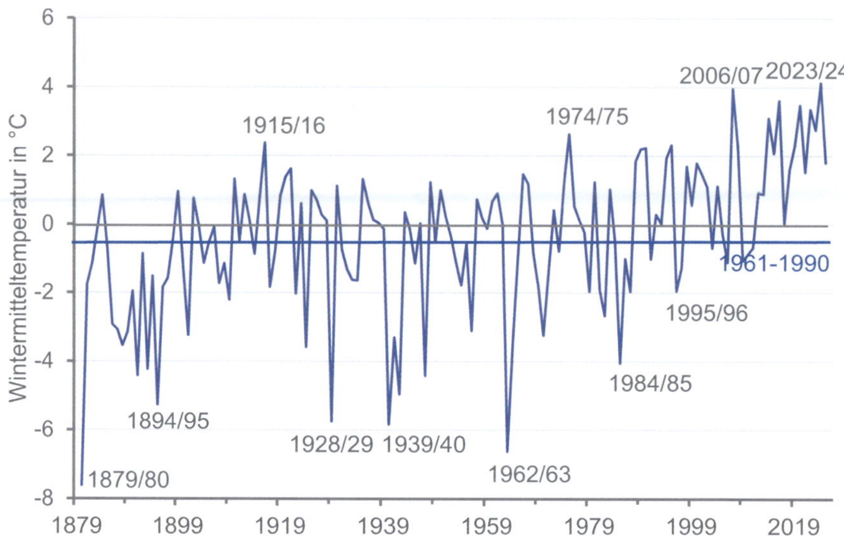

Abb. 6.4 Homogenisierte Bamberger Klimareihe der Wintertemperaturen (Dezember–Februar) 1879/1880 bis 2024/2025 und Referenzwert (1961–1990), aus [8]. (Daten: DWD und [9, ergänzt])

warmen Wintern. Ursache ist das Einfließen sehr kalter und trockener kontinentaler Kaltluft, die sich dann unter Hochdruckeinfluss und besonders über einer Schneedecke weiter abkühlen kann. Dennoch sind seit mehr als 30 Jahren keine sehr kalten Winter mehr zu beobachten und in diesem Zeitraum waren auch die meisten Winter wärmer als der Referenzwert (1961–1990). In den Höhenlagen des Vogtlandes und des Fichtelgebirges begann die Erwärmung gegenüber dem Tiefland etwa zehn Jahre verzögert [13]. Bei den Sommertemperaturen (Abb. 6.5) ist der Temperaturanstieg der letzten 30 bis 40 Jahren besonders deutlich erkennbar. Gerade die sehr warmen Sommer der letzten zehn Jahre bis 2024 zeigen, dass Temperaturen, die im 20. Jahrhundert besonders warmen Sommern zugeordnet wurden, heute schon völlig normal sind. In den letzten zehn Jahren (2015–2024) gehörten sechs Sommer zu den zehn wärmsten und sie waren nur etwas kühler als der Rekordsommer 2003.

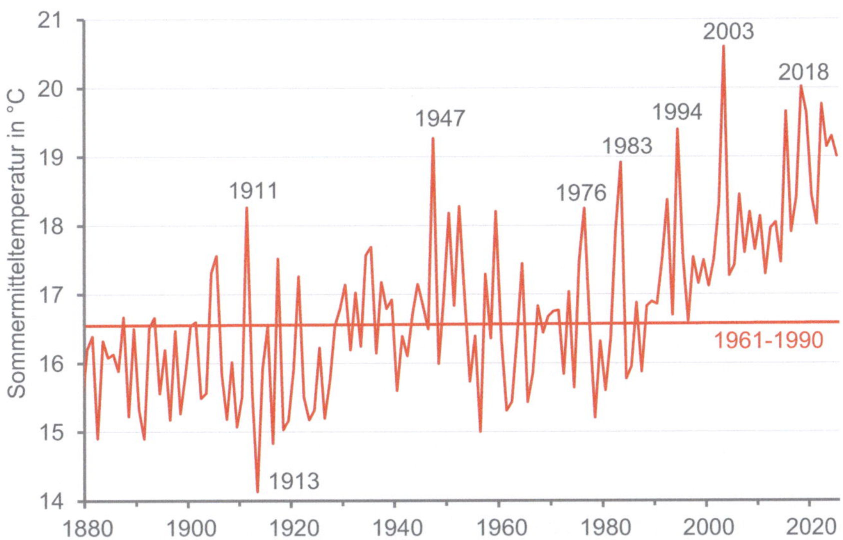

Abb. 6.5 Homogenisierte Bamberger Klimareihe der Sommertemperaturen (Juni–August) 1879 bis 2025 und Referenzwert (1961–1990), aus [8]. (Daten: DWD und [9, ergänzt])

Die Deutlichkeit des Temperaturanstieges und die beträchtliche Abweichung gegenüber früheren Klimaperioden fallen am besten beim Vergleich der Klimadiagramme (Abb. 1.1) auf. Die Daten für verschiedene 30-jährige Perioden sind im Anhang des Buches angegeben. Abb. 6.6 zeigt den Vergleich der letzten 30 Jahre (1991–2020) gegenüber der gegenwärtig gültigen internationalen Referenzperiode (1961–1990) für die Änderung der Lufttemperatur. Mit Temperaturzunahmen über 1,5 °C in einem 30-jährigen Zeitabschnitt heben sich der Januar, der April und die Sommermonate Juli und August hervor.

Die Deutlichkeit der Erderwärmung wird noch sichtbarer bei der Gegenüberstellung der gegenwärtigen internationalen Referenzperiode 1961–1990 minus der Periode zum vorindustriellen Wert 1881–1910 (blau) und respektive der aktuellen Reihe 1991–2020 minus der Referenz (Abb. 6.7).

Die Erwärmung in den 110 Jahren von 1881 bis 1910 zu 1961 bis 1990 ist nur in den Monaten Januar, März und Dezember größer

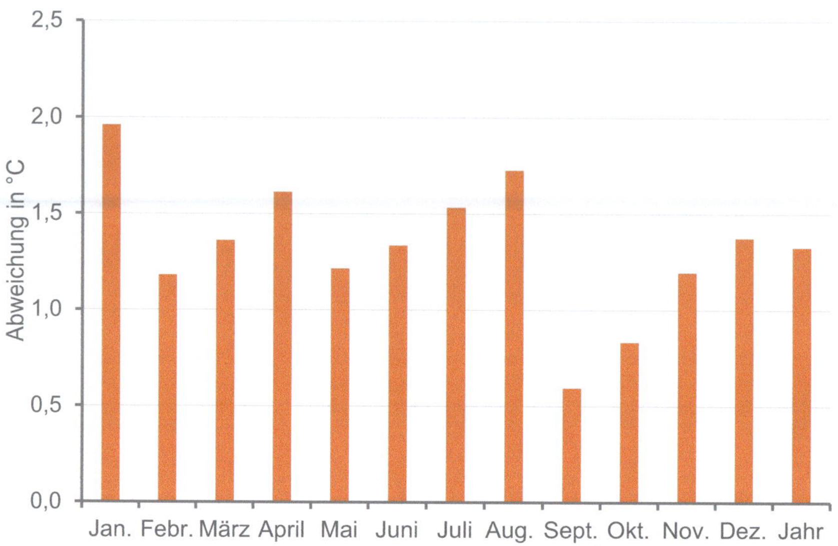

Abb. 6.6 Differenzen der Lufttemperatur zwischen der aktuellen Periode 1991–2020 minus der internationalen Klimareferenzperiode 1961–1990 (die bereits 0,8 °C wärmer als der vorindustrielle Wert ist). Grundlage ist die homogenisierte Bamberger Klimareihe, aus [8]. (Daten: DWD und [9])

1 °C. Die Jahresmitteltemperatur hat in diesem Zeitraum um 0,8 °C zugenommen. Demgegenüber ist die Zunahme der Jahresmitteltemperatur in den letzten 60 Jahren (1961–1990 zu 1991–2020) von 1,3 °C deutlich größer. Das bedeutet eine Erwärmung von 2,1 °C für Bamberg seit Beginn der Wetteraufzeichnungen. Besonders groß ist die Erwärmung im Januar mit +3,1 °C. Dies entspricht für den Januar einer Verschiebung der Null-Grad-Grenze in den letzten etwas mehr als 100 Jahren um 500 m aufwärts. Deutliche Zunahmen gab es in den Frühjahrsmonaten März und April um je +2,4 °C. Aber auch der August ist um den gleichen Betrag wärmer geworden. Die geringste Abweichung zeigt der September (+1,2 °C). Dennoch belegen derartige Darstellungen kaum die Ausprägung des schon eingetretenen Klimawandels. Die erheblichen Veränderungen lassen sich anhand der nachfolgend ausgewerteten drei wichtigen Größen Extremtemperaturen, Schneedeckenentwicklung und Trockenheit zusätzlich nachweisen.

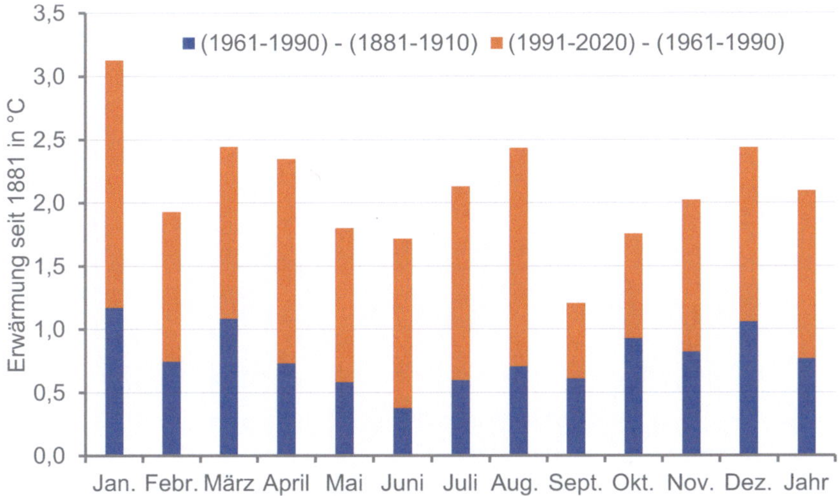

Abb. 6.7 Differenzen der Lufttemperatur zwischen der gegenwärtige internationale Referenzperiode 1961–1990 minus der Periode zum vorindustriellen Wert 1881–1910 (blau) und respektive der aktuellen Reihe 1991–2020 minus der Referenz (orange) auf der Grundlage der homogenisierten Bamberger Klimareihe. Die gesamte Temperaturzunahme seit Beginn der Messungen in Bamberg ergibt sich aus der Summe der beiden Säulen, aus [8]. (Daten: DWD und [9])

6.2   Extremwerte der Lufttemperatur im Sommer

In der Meteorologie werden bei den Extremtemperaturen sogenannte „Sommertage" (Maximum der Lufttemperatur gleich oder größer 25 °C) und „heiße Tage" (Maximum der Lufttemperatur gleich oder größer 30 °C) unterschieden [14]. Bedingt durch den Klimawandel wurden 2021 noch „sehr heiße Tage" (Maximum der Lufttemperatur gleich oder größer 35 °C) hinzufügt, die es vor 40 Jahren in unserer Region noch gar nicht gab. Die entsprechenden Daten sind für die letzten 60 Jahre bis 2024 in Abb. 6.8 dargestellt. In diesem Zeitraum kann eine Zunahme der Sommertage von ca. 30 auf jetzt 60 Tage, der heißen Tage von 5 auf 15 Tage und der sehr heißen Tage von null auf mindestens zwei Tage bea

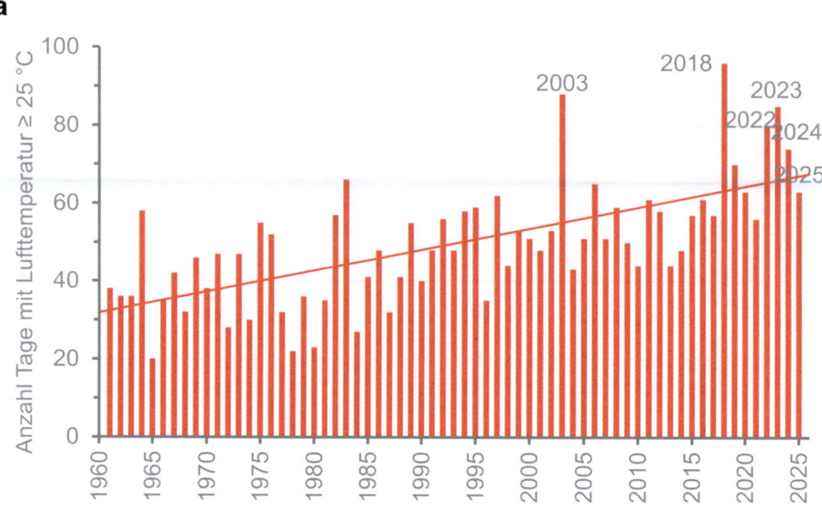

b

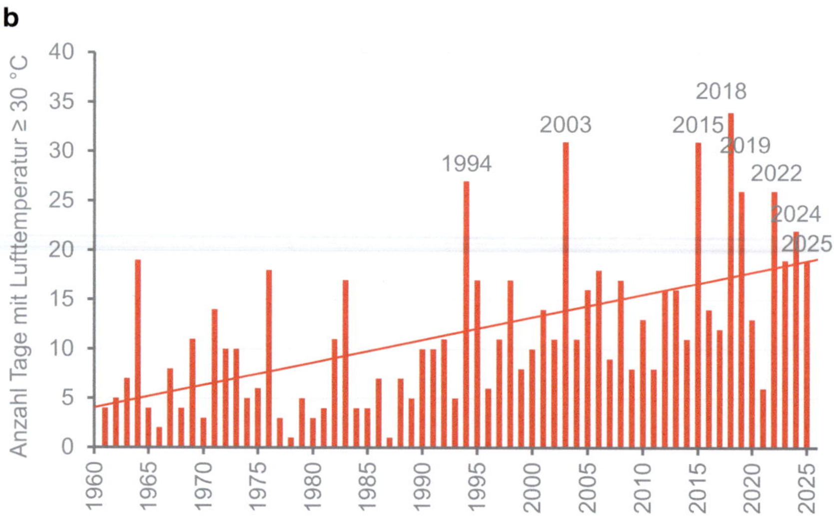

Abb. 6.8 Anzahl der Tage mit Maximum der Lufttemperatur (**a**) Sommertage ≥25 °C, (**b**) heiße Tage ≥30 °C und (**c**) sehr heiße Tage ≥35 °C für Bamberg von 1961 bis 2025, aus [8]. (Daten: DWD)

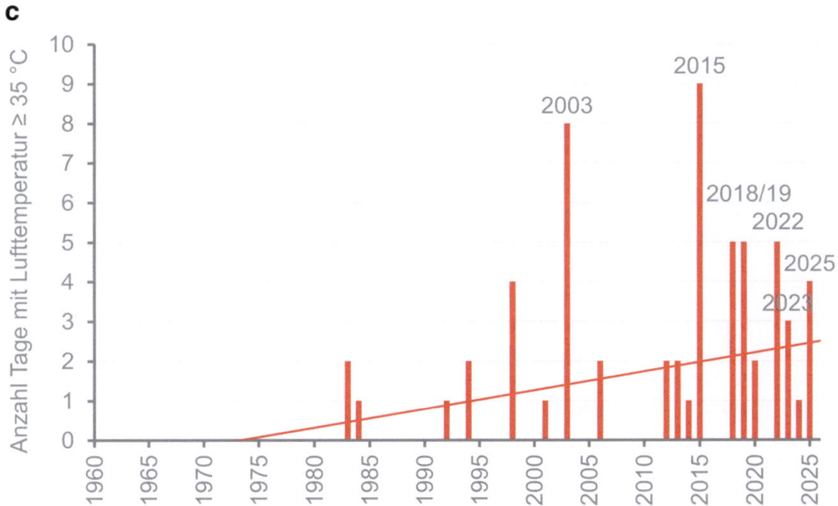

Abb. 6.8   (Fortsetzung)

obachtet werden. Auch wenn die Zahl der Tage in den kühleren Regionen geringer ist als in Bamberg, so sind doch die Trends identisch.

Es gibt noch einen weiteren Tag, den die Meteorologen speziell ausweisen, die sogenannte Tropennacht mit einem Lufttemperaturminimum in der Nacht gleich oder über 20 °C. Derartige Tage sind an der Wetterstation Bamberg äußerst selten, da sie in einem Gebiet mit starker Kaltluftbildung und Kaltluftzufluss liegt. Für das Stadtgebiet sind sie durchaus typisch (siehe Abschn. 5.4), da dort die nächtlichen Minima zum Teil mehr als 5 °C höher liegen. In Tropennächten kann davon ausgegangen werden, dass bei den meisten Menschen ein ruhiger Schlaf nachhaltig gestört wird. Tab. 6.1 zeigt für die genannten Extremwerte die Unterschiede zwischen der Wetterstation Bamberg und der Innenstadt.

Da die in der Innenstadt gemessenen Maxima der Lufttemperatur um 1 °C bis 3 °C höher sind als an der DWD-Wetterstation Bamberg, ist auch die Wärmebelastung nach Tab. 6.1 entsprechend höher. Besonders belastend sind die Tropennächte, von denen es immerhin in den letzten drei Jahren etwa zwei Wochen in der Innenstadt von Bamberg im Sommer gab. Ab etwa 26 °C Lufttemperatur erhöht sich das Sterberisiko und

Tab. 6.1 Besondere Tage in Bamberg: Sommertage, heiße Tage, sehr heiße Tage und Tropennächte. Daten. Deutscher Wetterdienst, Bürgerverein Bamberg Mitte e. V., aus [8]

Bezeichnung	Kriterium	Wetterstation Bamberg	Innenstadt[*]
2022			
Sommertage	Maximum ≥25 °C	80	92
heiße Tage	Maximum ≥30 °C	26	41
sehr heiße Tage	Maximum ≥35 °C	5	6
Tropennächte	Minimum ≥20 °C	0	13
2023			
Sommertage	Maximum ≥25 °C	83	88
heiße Tage	Maximum ≥30 °C	19	35
sehr heiße Tage	Maximum ≥35 °C	3	5
Tropennächte	Minimum ≥20 °C	0	14
2024			
Sommertage	Maximum ≥25 °C	74	90
heiße Tage	Maximum ≥30 °C	22	40
sehr heiße Tage	Maximum ≥35 °C	1	2
Tropennächte	Minimum ≥20 °C	0	13
2025			
Sommertage	Maximum ≥25 °C	63	80
heiße Tage	Maximum ≥30 °C	19	30
sehr heiße Tage	Maximum ≥35 °C	4	7
Tropennächte	Minimum ≥20 °C	0	10

[*]Daten des Bürgervereins Bamberg Mitte e. V. für die innere Inselstadt (Gebiet zwischen Vorderer Graben, Promenadenstraße, Lange Straße), Daten liegen erst ab Frühjahr 2022 nach der Crowdsourcing-Methode [15, 16] vor. Bearbeitung: Thomas Foken

nimmt ab 32 °C deutlich zu, wovon die Stadtbevölkerung besonders betroffen ist. In Deutschland werden jährlich etwa 2000 und in den besonders heißen Sommern (2003, 2015, 2018, 2019, 2022) 5000 bis 10.000 Hitzetote [17, 18] registriert. Auch Bamberg ist als eine der wärmsten Städte in Bayern betroffen, so gab es 2022 laut Fränkischer Tag (vom 30.12.2024) 30 Tote durch Hitze. Diese Daten enthalten keine Sterbefälle durch COVID-19. Die Öffentlichkeit hat diese Zahlen kaum wahrgenommen, da die meisten Menschen noch vor der Einlieferung in eine Intensivstation sterben.

Dass Oberfranken durch Wärmebelastung betroffen ist, belegt auch die Bestimmung der Werte des UTCI [19, 20], allerdings wurde statt der gefühlten Temperatur die oft niedrigere Lufttemperatur herangezogen,

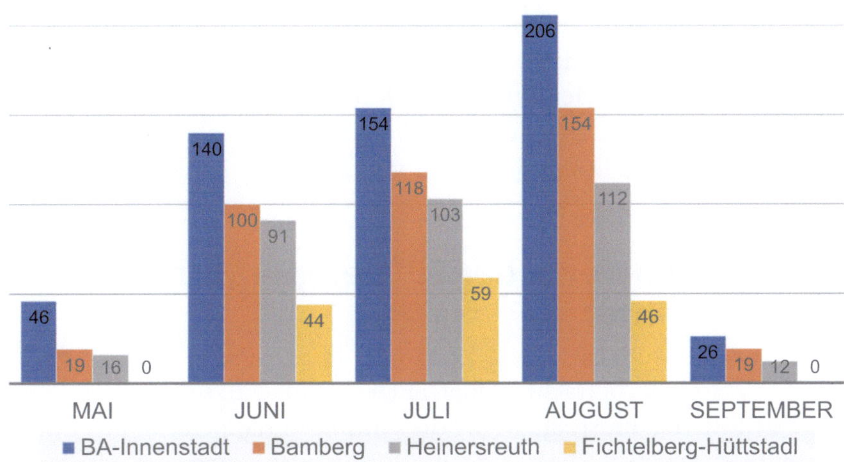

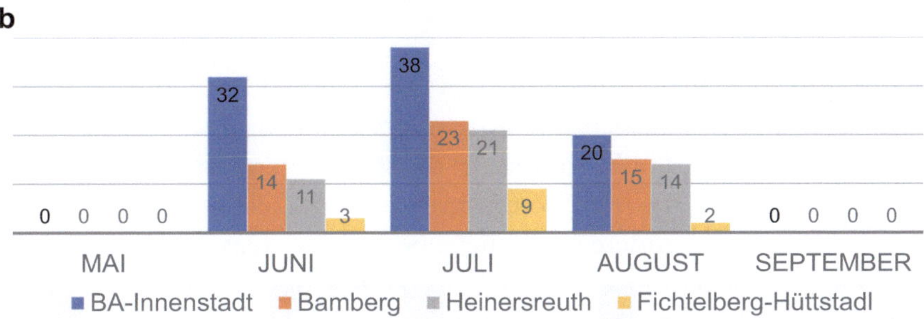

Abb. 6.9 Stunden im Sommer 2022 mit (**a**) moderater Wärmebelastung (Lufttemperatur ≥26 °C) und (**b**) starker (Lufttemperatur ≥32 °C) und sehr starker Wärmebelastung (Lufttemperatur ≥38 °C). (Daten: DWD und Bürgerverein Bamberg Mitte e. V.)

siehe Abschn. 2.2. Dazu wurden für den Sommer 2022 die Stunden mit moderater Wärmebelastung (Lufttemperatur ≥26 °C), mit starker Belastung (gefühlte Temperatur ≥32 °C) und sehr starker Belastung (Lufttemperatur ≥38 °C) ausgezählt. Letztere tritt fast nur im Innenstadtbereich von Bamberg (Abb. 6.9) auf, oder in den überhitzen Stadtteilen der anderen fränkischen Städte vergleichbarer Größe. Die Innenstadt von Bamberg ist in den Monaten zwischen Mai und September deutlich stärker belastet als die stadtnahe, ländlich gelegene DWD-Wetterstation Bamberg. Für die Stadt Bayreuth und deren überhitzen Stadtteile (siehe Abschn. 5.4) gilt der gleiche Sachverhalt in Vergleich mit der DWD-Station Heinersreuth mitten auf dem Land. In Fichtelberg-Hüttstadl treten insbesondere Stunden mit starker Wärmebelastung kaum auf. Damit ist das Fichtelgebirge, aber auch der Frankenwald derzeit noch das ideale Rückzugsgebiet in Hitzeperioden für vulnerable Bevölkerungsgruppen.

6.3   Extremwerte der Lufttemperatur im Winter

Die Meteorologie betrachtet aber auch negative Extremtemperaturen. Dazu gehört der Frosttag, wenn die Minimumtemperatur der Luft an einem Tag unter 0 °C liegt, und der Eistag, wenn auch die Maximumtemperatur des Tages unter 0 °C liegt. In der nachfolgenden Analyse wurde auch ein sehr kalter Tag einbezogen, wenn die Minimumtemperatur kleiner oder gleich –10 °C ist. Während die Hitze-Extreme eher durch warme Luftmassen und starke Sonneneinstrahlung, also Größen, die sich durch den Klimawandel durchaus verändern, hervorgerufen werden, sind sehr niedrige Temperaturen zusätzlich durch die lokalen Verhältnisse, insbesondere des Reliefs, beeinflusst. Das Einströmen kontinentaler Kaltluft, die in den 1960er-Jahren noch verbreitet Minima unter –20 °C brachte, findet in den letzten 30 Jahren vor 2025 kaum mehr statt. Eine gewisse Gefahr besteht jedoch: Durch den durch den Klimawandel bereits ganzjährig stark aufgewärmten Atlantik strömen teils sehr warme Luftmassen in die arktischen Regionen. Im Gegenzug kommt im Osten des Eurasischen Kontinents extrem kalte Luft ins südliche Sibirien, sodass dort in den letzten Jahren immer wieder negative Temperaturrekorde gemessen wurden. Falls durch ein kräftiges Hochdruckgebiet über Nordosteuropa diese Kaltluft an dessen Südflanke nach Mitteleuropa gelenkt wird, wie im Februar 2021 geschehen, kann es durchaus in Oberfranken extrem kalt werden. Gegenwärtig lässt sich wissenschaftlich noch nicht genau bestimmen, ob sich derartige Situationen in der Zukunft häufen werden.

Von Ende Oktober bis Anfang März ist die Einstrahlung von der Sonne in Oberfranken so gering, dass die Energie nicht ausreicht, um die Abkühlung bei klarem Himmel in den langen Winternächten (12 bis 16 Std. Nacht) zu kompensieren. Bleibt es wolkenlos, so wird die Wärmestrahlung von der Erdoberfläche ungehindert in höhere Atmosphärenschichten gelangen und letztlich anteilig in den Weltraum abgestrahlt. Falls es dazu im Winterhalbjahr noch eine Schneedecke gibt, ist die Abkühlung über dem Schnee verstärkt, da Schnee effektiv langwellige Wärmestrahlung absorbiert und wieder ausstrahlt. Schnee ist jedoch durch den hohen Luftanteil ein guter Wärmeisolator, so verhindert eine Schneedecke den Wärmeleitung aus dem Boden unterhalb der Schneedecke in die Atmosphäre fast vollständig.

Dies sind Eigenschaften, die die Inuit beim Iglubau optimal ausnutzen. Ob es in einer Nacht sehr kalt wird, hängt also wesentlich von der Länge der Nacht und der Bewölkung ab und bei klarem Himmel und Schnee sind bodennahe Lufttemperaturen unter $-10\ °C$ an der Tagesordnung. Die Sonneneinstrahlung am Tag reicht dann nicht aus, dass das Thermometer über $0\ °C$ steigt.

Bis auf die höheren Gebirgszüge sind in Oberfranken im Zeitraum 1960 bis 2020 im Mittel knapp 100 Tage im Jahr mit Frost zu beobachten. In den letzten Wintern 2023 bis 2025 waren es allerdings ca. 30 % weniger Tage. Die letzten Spätfröste treten in der Regel im Mai auf. Der erste Frühfrost tritt Ende September ein, in der Regel aber erst im Oktober. Folglich sind nur die Sommermonate Juni bis August frostfrei. Unter ungewöhnlichen Bedingungen kann es jedoch im Einzelfall zwischen Juni und August schon einmal in unmittelbarer Bodennähe leichten Frost geben. In Bamberg gab es am 4. und 5. Juni 1962 sogar zwei Frosttage mit $-0{,}8\ °C$ bzw. $-1{,}0\ °C$. Bei den Frosttagen, die, wie zuvor gesagt, eher lokal durch die Bewölkungsverhältnisse bestimmt werden, lässt sich derzeit kein signifikanter Trend ableiten, das gilt auch für Frosttage bezüglich einzelner Monate.

Die Zahl der Eistage mit ganztägig Frost sind von den Wintern 1960/1961 bis 2024/2025 sowohl in Bamberg als auch in Fichtelberg-Hüttstadtl auf die Hälfte zurückgegangen (Abb. 6.10) und betragen nunmehr in Bamberg nur zehn Tage und in Fichtelberg 30 Tage, wobei der Rückgang sehr stark in den letzten zehn bis 15 Jahren war. Die Zahl der Eistage lässt sich als grobes Maß für die Möglichkeit der künstlichen, maschinellen Beschneiung heranziehen, auch wenn dies unter zusätzlicher Berücksichtigung der Luftfeuchte und auf Stundenbasis geschehen sollte.

Ähnlich verhält es sich mit den Tagen mit sehr starkem Frost von −10 °C oder kälter, die in Bamberg als Beispiel von 15 auf fünf Tage zurückgegangen sind. Dies ist eng verbunden mit nicht mehr so niedrigen Minima der Lufttemperatur (Abb. 6.11).

In diesem Zusammenhang interessant ist die Tatsache, dass die Jahre mit ausgeprägten Eisheiligen (Kälterückfall mit Frost) zugenommen haben. Eisheilige sind ein Witterungsphänomen Anfang bis Mitte Mai, wenn nach dem Durchzug eines kräftigen Tiefdruckgebietes sehr trockene und kalte arktische Luft nach Mitteleuropa und Oberfranken strömt und dann unter Zwischenhocheinfluss kommt, d. h., es klart in den Nächten auf und die Lufttemperatur kann unter den Gefrierpunkt sinken. Immerhin hat die Anzahl der Frosttage im Mai von etwa einem (1960) auf mehr als drei (2020) zugenommen (Abb. 6.12). Auffällig ist, dass die Eisheiligen in den letzten Jahren über mehrere aufeinander folgende Tage andauerten und nicht mehr nur an einzelnen Tagen aufgetreten sind. Dies kann damit in Zusammenhang stehen, dass nach dem Durchzug eines Tiefdruckgebietes und dem Einfließen arktischer Kaltluft der in der Regel nur kurze Zwischenhocheinfluss durch eine länger anhaltende Hochdruckwetterlage abgelöst wurde. In solchen Fällen erwärmt sich die Luft zuerst nur langsam – so lange, bis die nächtlichen Temperaturen nach ausreichender Anreicherung der Luft mit Feuchte und Erwärmung am Tage nicht mehr unter 0 °C fallen können. Diese Erkenntnis wird bestätigt durch eine kürzlich erschienene Publikation zu Spätfrostereignissen, die für Europa eine deutliche Zunahme aufzeigt [21].

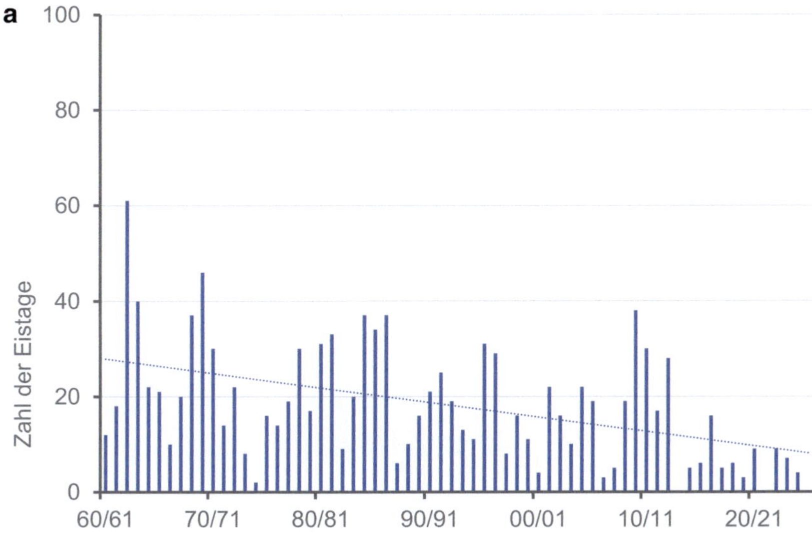
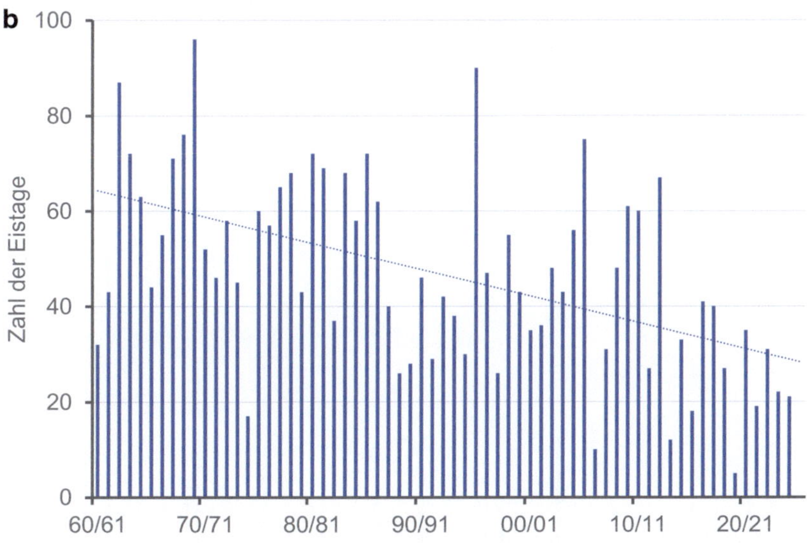

Abb. 6.10 Zahl der Eistage (ganztägig Frost) für die Winter 1960/1961 bis 2024/2025 an der DWD-Station (**a**) in Bamberg und (**b**) in Fichtelberg-Hüttstadl. (Daten: DWD)

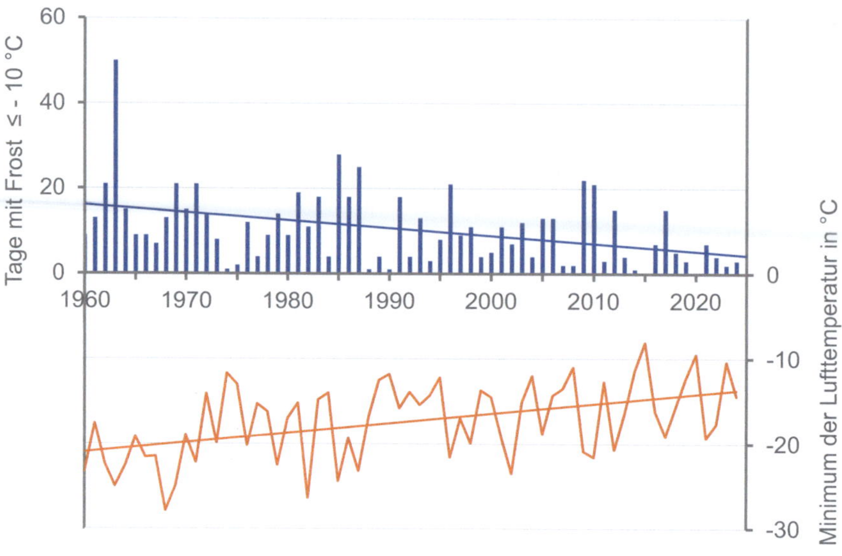

Abb. 6.11 Zahl der Tage mit starkem Frost ≤ −10 °C (blau) und der Minima der Lufttemperatur in den Jahren 1961 bis 2024 in Bamberg (orange), aus [8]. (Daten: DWD)

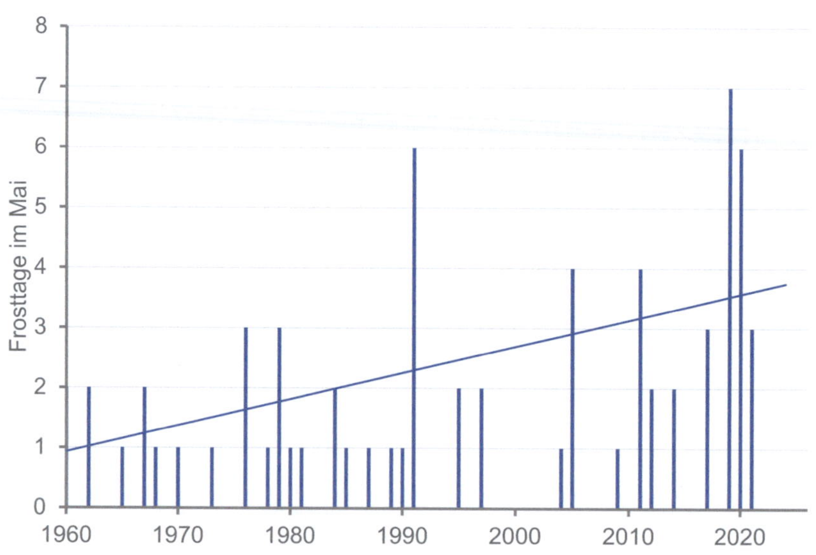

Abb. 6.12 Zahl der Frosttage (Tagesminimum unter 0 °C) im Mai (1961–2024) in Bamberg, Eisheilig, aus [8]. (Daten: DWD)

6.4   Niederschlag und Verdunstung

Die jährliche Niederschlagssumme unterliegt bisher keinen auf den ersten Blick sichtbaren Tendenz zur Ab- oder Zunahme, die Variabilität der Niederschlagesumme von Jahr zu Jahr ist jedoch hoch. Ein gesicherter Trend lässt sich jedoch noch nicht bestimmen, denn einige trockenere Jahre in Folge sind nicht untypisch. Allerdings zeigt der Vergleich der Klimareferenzperioden 1991 bis 2020 minus der Werte aus 1961 bis 1990 in Bamberg (Abb. 6.13) und vergleichbar auch in ganz Oberfranken, dass der Frühjahrsniederschlag (März bis Mai) insgesamt um 11 % rückläufig ist. Dieser Rückgang ist vor allem durch eine Abnahme des Aprilniederschlages um 28 % begründet. Für die Pflanzenentwicklung ist der Rückgang der Frühjahrsniederschläge, der schon seit etwa Beginn des 21. Jahrhunderts bekannt ist und entsprechend auch in Oberfranken beobachtet wurde [22, 23], durchaus kritisch. Das größte Defizit tritt somit in dem Monat auf, in dem für das Pflanzenwachstum der Wasserbedarf am größten ist. Auch durch die Abnahme der Schneeauflage fehlt das

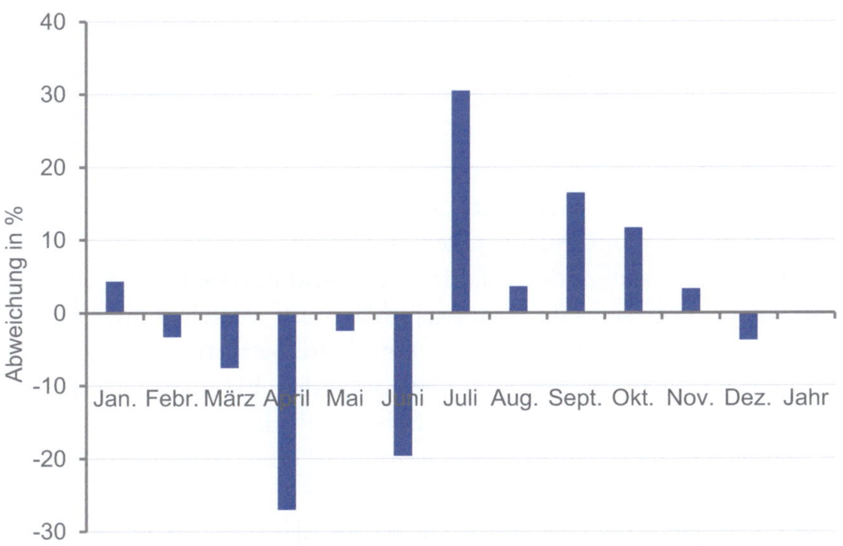

Abb. 6.13   Differenz der mittleren monatlichen Niederschlagssummen zwischen der Periode 1991 bis 2020 minus der Werte aus 1961 bis 1990 (gegenwärtige internationale Klimareferenz) [8]. (Daten: DWD)

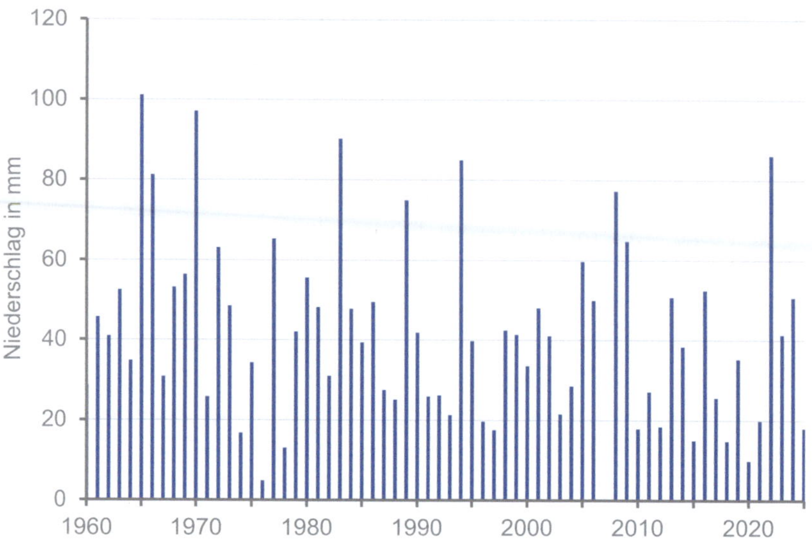

Abb. 6.14 Niederschläge im April 1960 bis 2025 für Bamberg, aus [25]. (Daten: DWD)

Wasser aus der Schneeschmelze und bei nicht bewachsenen Böden besteht nach Austrocknung die Gefahr von Bodenerosion. Für den Aprilniederschlag lässt sich im Mittel eine Abnahme von etwa 40 mm im Jahr 1990 auf 30 mm im Jahr 2020 feststellen (Abb. 6.14). Auch wenn gelegentlich ein nasserer April vorkommt, so waren und sind dann andere Frühjahrsmonate (Februar, März oder Mai) zu trocken. In den Sommermonaten Juni, Juli und August fallen in Bamberg im Mittel etwa 200 mm Niederschlag, in den anderen Jahreszeiten sind es jeweils etwa 150 mm. Eine Bewertung der Winterniederschläge ist derzeit schwierig. Bei Schneefall tritt durch Windeinfluss eine Unterbestimmung der Niederschlagsmenge, bedingt durch die Messmethoden, bis etwa 50 % auf [24]. Durch die Abnahme der Tage mit Schneefall, der dann als Regen fällt und nicht mehr zu niedrig erfasst wird, wird eine leichte Zunahme der Niederschläge vorgetäuscht.

Der Rückgang der Niederschläge im Frühjahr erfährt in den Jahren mit durchschnittlicher Jahresniederschlagssumme eine gewisse Kompensation durch erhöhte Sommerniederschläge, die häufig als einzelne Stark-

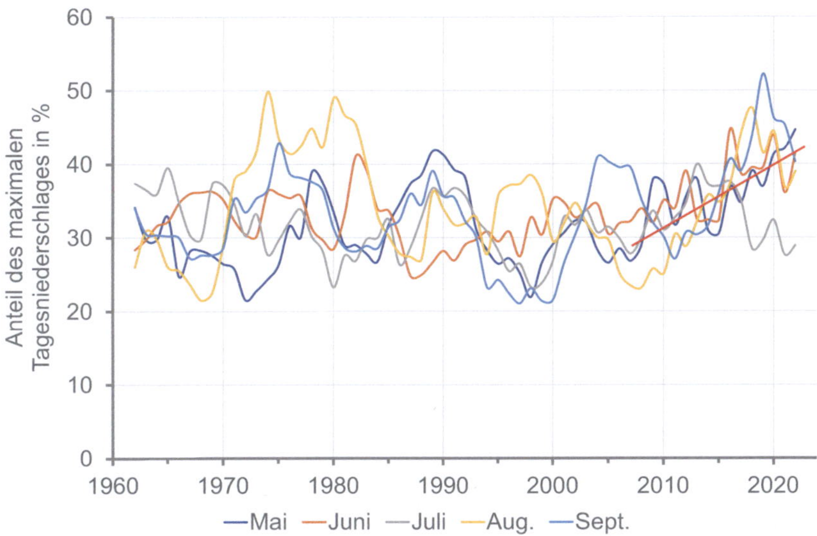

Abb. 6.15 Fünfjähriges gleitendes Mittel des Anteils des Tages im Monat, an dem die maximale Niederschlagsmenge gefallen ist, an der Gesamtsumme des Monatsniederschlag in Bamberg, aus [8]. (Daten: DWD)

niederschlagsereignisse fallen. In Abb. 6.15 wird für die Monate Mai bis September gezeigt, welchen Anteil der Tag im Monat, an dem die maximale Niederschlagsmenge gefallen ist, an der Gesamtsumme des Monatsniederschlags hat. Bis zur Jahrtausendwende zeigen die einzelnen Monate ein wechselhaftes Bild. Es gab Monate mit einem besonders starken Niederschlagsereignis, häufig im August, in anderen Monaten waren die Niederschläge eher gleichmäßig über den Monat verteilt. Nach der Jahrtausendwende fallen weitgehend regelmäßig in den Monaten Mai bis September (September nach 2010) 30 % im Jahr 2000 mit einer Zunahme des Monatsniederschlages an einem Tag auf 40 % im Jahr 2024. Offensichtlich gibt es aber auch Ausnahmen in Bamberg, wie den Juli. Da Starkniederschlagsereignisse zu einem großen Anteil oberflächig über Kanalisation, Bäche und Flüsse abfließen, ein großer Teil gleich wieder verdunstet und den Bodenwassergehalt und den Grundwasserspiegel nicht erhöhen, steht im Sommerhalbjahr immer weniger Wasser für die Grundwasserneubildung, Trinkwasser und Landschaft zur Verfügung trotz weitgehend gleichbleibender, jedoch ungleichmäßig verteilter Niederschlagsmengen. Die Untersuchung zeigt aber auch, dass inzwischen neben den Sommermonaten auch die Monate Mai und September ein typisches Sommerniederschlagsregime haben mit längeren Zeiten ohne Niederschlag im Wechsel mit Niederschlägen in Form von starken Schauern oder Gewittern und weniger durch Landregen, der ein Segen für Mensch und Natur wäre.

Wie beim Jahresniederschlag lässt sich derzeit auch bei der Anzahl der Tage im Jahr mit 10 mm oder mehr Niederschlag kein Trend trotz der etwas niederschlagsarmen Jahre ab 2010 ausmachen. Im Mittel gibt es in Bamberg jedes Jahr etwa 15 Tage mit 10 mm und mehr Niederschlag mit beachtlichen Schwankungen von Jahr zu Jahr.

Seit Aufzeichnungsbeginn gibt es immer wieder trockenere und feuchtere Jahre, wobei über längere Zeiträume bis um 2010 ein Ausgleich stattfindet. Die Anzahl der Jahre mit Niederschlagsüberschuss oder einem Defizit, eingeteilt in 10-Jahresperioden, lag in den 50 Jahren von 1961 bis 2010 in Bamberg, Bayreuth, Hof und Fichtelberg immer auf gleichem Niveau (Tab. 6.2). In der letzten Dekade von 2011 bis 2020 gab es in Bamberg und Bayreuth jedoch anstatt sechs nur zwei bzw. drei Jahre, in Hof anstatt fünf nur einen Tag, in denen mehr als der Durchschnitt (Zeitraum 1961–1990) fielen. Die zwei Jahre in Bamberg mit deutlich übernormalem Niederschlag waren 2010 mit 867,6 mm und 2013 mit 761,6 mm. Seit 2014 hatte nur das Jahr 2017 leicht überdurchschnittlichen Niederschlag. Akkumuliert man die Differenzen zum Normalwert ab 2014, als der Grundwasserstand in der Region letztmalig weitgehend

Tab. 6.2 Anzahl der Jahre mit Niederschlag über dem klimatologischen Mittelwert 1961–1990 pro Jahrzehnt in Oberfranken

	Anzahl der Jahre mit Niederschlag über dem klimatologischen Mittelwert			
Jahrzehnt	Bamberg	Bayreuth	Hof	Fichtelberg-Hüttstadl
1961–1970	4	6	4	4
1971–1980	5	5	5	5
1981–1990	6	6	7	6
1991–2000	5	6	5	7
2001–2010	5	7	4	8
2011–2020	2	3	1	2

ganzjährig über dem Mittelwert lag, so fehlt in Bamberg bis 2024 etwa ein Drittel eines Jahresniederschlages.

Maßgeblich für das Entstehen einer ausgeprägten Trockenheit in einer Periode mit geringen Niederschlägen ist die Verdunstung. Diese hängt im Wesentlichen vom Wassergehalt bzw. der Wasserdampfsättigung der Luft und der Windgeschwindigkeit ab. Da das Vermögen der Luft, Wasserdampf aufzunehmen mit zunehmender Temperatur exponentiell zunimmt, bedeutet dies, dass durch die Temperaturzunahme infolge des Klimawandels die Luft mehr Wasserdampf aufnehmen kann und somit die Verdunstung gefördert wird. Dies wird durch das Gesetz von Clausius und Clapeyron beschrieben (siehe Abschn. 1.2). In Abb. 6.16 wird dazu ein Gedankenexperiment präsentiert. Laut Abb. 6.8b gab es 1960 in Bamberg insgesamt nur vier heiße Tage. Im Jahr 2019 oder in 2022 sind aus den vier heißen Tagen bereits fünf sehr heiße Tage (Abb. 6.8c) gewor-

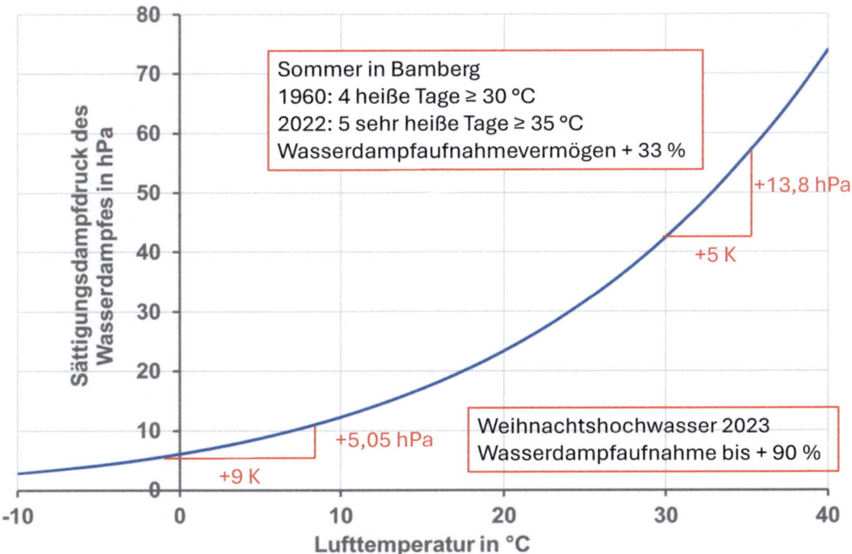

Abb. 6.16 Clausius-Clapeyronsche Gleichung der Temperaturabhängigkeit des Sättigungsdampfdruckes des Wasserdampfes. Bei 100 °C beträgt der Sättigungsdampfdruck 1014 hPa und entspricht dem Luftdruck in Meereshöhe, sodass das Wasser siedet. Auf der Zugspitze liegt der Siedepunkt bereits bei 90 °C. Die Abbildung enthält zwei im Text erläuterte Abschätzungen für Dürre und Hochwasser

den. Der Unterschied des Sättigungsdampfdruckes (100 % Luftfeuchte) zwischen 30 °C und 35 °C beträgt 13,8 hPa. Somit könnte an den fünf heißesten Tagen in 2019 oder 2022 die Atmosphäre 33 % mehr Wasserdampf aufnehmen als an den vier heißen Tagen 1960. Ein hoher Energieeintrag durch kurzwellige Sonnenstrahlung (und Wind) fördert folglich zwangsweise das Verdunstungspotenzial.

Auch haben sich durch den fortlaufenden, durch den Menschen verursachten Klimawandel die Zirkulationsverhältnisse über Mitteleuropa verändert [26] und sogenannte blockierende Hochdrucklagen haben in den letzten 20 Jahren deutlich zugenommen. Diese können Ursache für längere Trockenperioden sein, die oft mit Wind aus östlichen Richtungen verbunden sind. Werden dabei trockene kontinentale Luftmassen herangeführt, fördert dies ebenfalls die Möglichkeit hoher Verdunstungsraten. Durch die physikalischen Gesetze und bestätig durch die Messungen ist somit bewiesen, dass sich durch die Erderwärmung das Vermögen erhöht hat, Wasser durch Transpiration der Pflanzen oder Verdunstung von Oberflächenwasser als Wasserdampf (latenter Wärmestrom, siehe Abschn. 1.2) an die Atmosphäre abzugeben. Die Gefahr, dass extreme Trockenheit auch ohne Abnahme der Niederschläge auftreten kann, hat sich vergrößert und wird sich erheblich vergrößern. Hinzu kommt, dass je nach Bodentyp ausgetrockneter Boden kaum Wasser aufnehmen kann und somit viel Niederschlagswasser durch oberirdischen Abfluss über die Gewässersysteme insbesondere bei Starkniederschlägen der Vegetation und der Trinkwasserversorgung verloren geht.

Eine Analyse der längeren Trockenperioden mit mehr als 20 Tagen ohne Niederschlag bzw. Niederschlag ≤ 1 mm (Tau, Nebelnässen, Schneegriesel) ergab für die Jahre 1950 bis 2024 in Bamberg und weitgehend auch gültig in ganz Oberfranken, dass innerhalb von zehn Jahren auch etwa zehn derartige Perioden auftreten (Abb. 6.17). Aus der Abbildung ist erkennbar, dass nach der Jahrhundertwende ab 2000 eine Tendenz zu verstärkten Trockenperioden in der frühen Vegetationsperiode März bis Mai besteht, mit nachteiliger Wirkung vor allem auf die Forst- und Landwirtschaft.

Trockenperioden stehen immer im Zusammenhang mit langanhaltenden Hochdruckwetterlagen zusammen. Offensichtlich trat hier ein Ursachenwechsel von langanhaltenden winterlichen Hochdruckgebieten

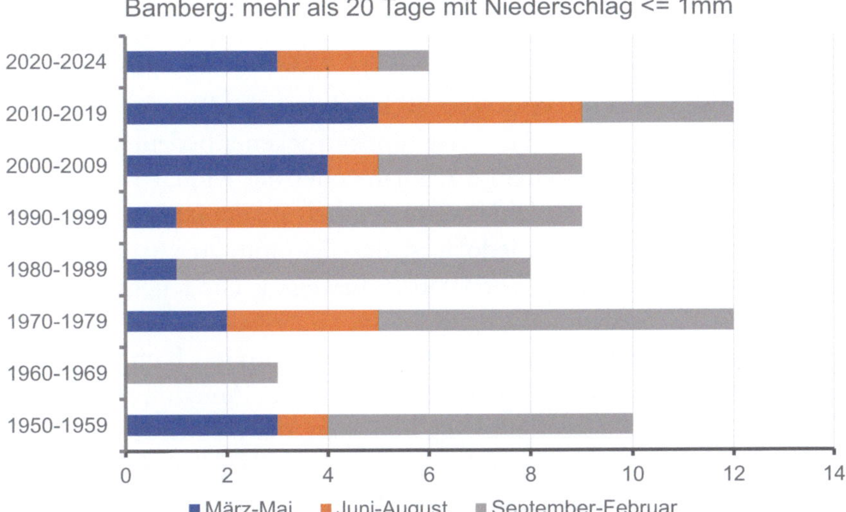

Abb. 6.17 Anzahl der längeren Trockenperioden mit mehr als 20 Tagen ohne Niederschlag bzw. Niederschlag ≤ 1 mm (Tau, Nebelnässen, Schneegriesel) in Bamberg in den Jahren 1950–2024 in Bamberg unterteilt nach früher Vegetationsperiode (blau), späte Vegetationsperiode (orange) und Herbst und Winter (grau), aus [8]. (Daten: DWD)

zu blockierenden Hochdrucklagen in der wärmeren Jahreszeit ein. Die bisher längste Trockenperiode in Bamberg seit 1949 mit 41 Tagen Länge dauerte vom 20.10. bis zum 30.11.2011 und die längste in der Vegetationsperiode mit 35 Tagen Dauer vom 16.5. bis zum 19.6.2023.

Um das Problem der Trockenheit besser quantitativ bestimmen zu können, wurden bereits vor 100 Jahren entsprechende Indizes eingeführt [27]. Physikalisch sind die korrektesten Indizes die, die den Niederschlag ins Verhältnis zur maximal möglichen Verdunstung setzen, wozu die zuvor genannten Einflussparameter benötigt werden. Da an den meisten Messstationen, wie auch für Bamberg oder Bayreuth, nicht alle notwendigen meteorologischen Größen gemessen werden, finden folglich einfachere Indizes aus leicht zugänglichen Größen Anwendung. Einer dieser der Indizes ist die Berechnung nach De Martonne [28], die im Vergleich mit anderen Indizes trotz der einfachen Definition als das Verhältnis aus Jahresniederschlag und der um 10 °C erhöhten Jahresmitteltemperatur recht zuverlässige Aussagen liefert [29]. Der Index schwankt wie die Ausgangswerte von Jahr zu Jahr beachtlich. Deswegen wird in Abb. 6.17 der über fünf Jahre gleitend gemittelte Wert des Index gezeigt. Die geglättete Zeitreihe bewegt sich um den Wert 40 für Bayreuth [30] und um 35 für Bamberg, wobei je kleiner die Werte, umso trockener bedeutet und umgekehrt je größer, desto feuchter das Jahr oder der Monat ist. Ab etwa 2012 nimmt der Index der Jahreswerte deutlich ab, die Jahre sind in ihrer Bilanz trockener geworden. Jedoch ist der Zeitraum zu kurz, um einen eindeutigen Abnahmetrend seit 1960 zu beweisen. Die feuchteren Jahre um 1967 bis 1975 fallen jedoch auf.

Bei der theoretischen Klimaanalyse für den Landkreis Bamberg wurde für den Zeitraum 1990 bis 2019 eine Tendenz zur Abnahme des Index-Werts von 45 auf 35 festgestellt [31]. Für diese Analyse wurden die höheren Niederschlagswerte aus dem Landkreis zugrunde gelegt. Für die Stadt Bamberg konnte mit gemessenen Werten dieser Trend zu Trockenheit nicht eindeutig genug bestätigt werden. Interessant jedoch sind die Index-Werte berechnet für die Aprilmonate (Abb. 6.18). Die Schwankung

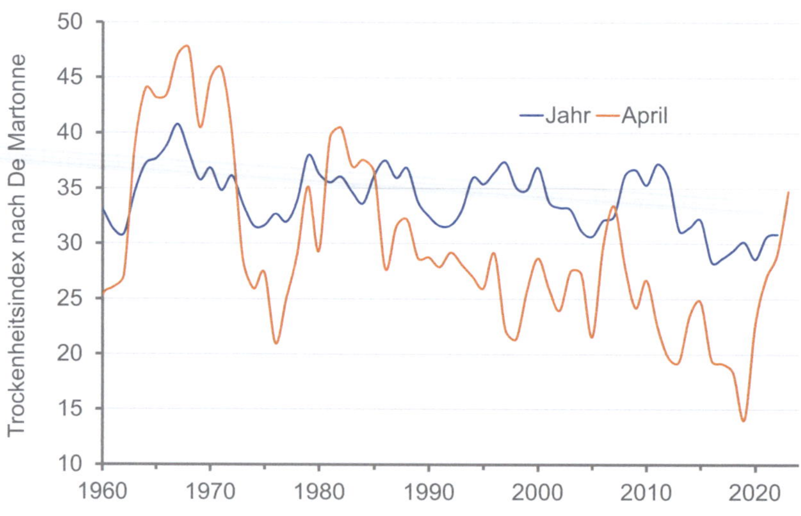

Abb. 6.18 Fünfjähriges gleitendes Mittel für den Trockenheitsindex nach De Martonne für Bamberg in den Jahren 1960–2024, Jahresmittelwerte in Blau, normierte Aprilwerte in Orange, aus [8]. (Daten: DWD und [9])

selbst der fünfjährigen Aprilmittel ist beachtlich, dennoch zeigt sich bis zu den 1990er-Jahren eine parallele Entwicklung zum Jahr, danach jedoch wird der April sichtbar trockener, etwas zeitiger als bei den Jahressummen des Niederschlags festgestellt wurde (Abb. 6.14). Interessanterweise traten im April in den 1940er- und 1950er-Jahren vergleichbar geringe Trockenheitsindizes um 30 auf. In dieser Zeit herrschte wahrscheinlich durch natürliche Klimaschwankungen eine kurze Erwärmungsphase, die sogenannte frühe arktische Erwärmung (siehe Abb. 6.1 und 6.2). Die damalige zunehmende Erwärmung in der Arktis hatte durch Zirkulationsumstellungen eindeutig einen Einfluss auf die Frühjahrstrockenheit in Europa [32], ein Muster das sich heute vergleichbar wiederholt. Wie zuvor erwähnt, zeigt sich die rezente Frühjahrtrockenheit nicht immer und nicht ausschließlich im April. Trockenphasen treten zwischen Januar bis Mai auf und halten sich nicht an die festen Kalendergrenzen. Die Entwicklung im Herbst ist zurzeit durch die dynamische Entwicklung der atmosphärischen Zirkulationsmuster über dem Atlantik, Nordmeer und Europa nicht eindeutig. Der Index für September (hier nicht gezeigt) weist bis etwa 2000 auf feuchtere Bedingungen hin, erst in den fünf Jahren nach 2020 ist es trockenen geworden [30].

Der Trockenheitsindex nach De Martonne ist ein rein meteorologischer Parameter. Es fehlt ein konkreter Bezug zur Bodenfeuchte und es wird nicht unterschieden, ob der gefallene Niederschlag vorwiegend oberirdisch abfließt oder den Bodenwassergehalt und somit ggf. auch den Grundwasserspiegel erhöht. Die in der Bevölkerung wahrgenommene Zunahme der Trockenheit dokumentiert sich wohl am besten im Grundwasserstand. Normalerweise beginnt die Grundwasserneubildung mit dem Beginn des hydrologischen Jahres am 1. November. In den hydrologischen Jahren 2019/2020 und 2020/2021 begann sie aber erst im Februar, 2020 bzw. 2021 und 2024/2025 begann sie überhaupt nicht und lag immer im Bereich niedrigster Neubildungsraten. Seit Einsetzen der trockenen Jahre ab Mitte der 2010er-Jahre zeigten sich meist unternormale Grundwasserstände (siehe www.lfu.bayern.de/wasser/grundwasserstand/messdaten/). Derartig tiefe Grundwasserstände gab es aber auch schon in den 1970er-Jahren und Anfang der 1990er-Jahre. Wenn jedoch, worauf vieles hindeutet, die jetzigen niedrigen Grundwasserstände durch Zirkulationsumstellungen aufgrund des beschleunigten Klimawandels verstetig werden, dann ist das ein Alarmsignal für die Wasserversorgung sowie die Forst- und Landwirtschaft.

Es wird für alle deutlich, dass Niederschlag, Verdunstung, Wasserleitung im Boden und Wasseraufnahme durch die Pflanzen ein sehr komplizierter Prozess ist und selbst kleinere Störungen zu einschneidenden Problemen führen [33, 34]. Der Boden kann nur Wasser in tiefere Schichten leiten, wenn die oberen Schichten ausreichend mit Wasser gesättigt sind. Dieser Wert wird als Feldkapazität bezeichnet und liegt je nach Bodenart und Schichtung bei einer Bodenfeuchte von 10 % bis 30 %. Nur wenn mehr Wasser in den oberen Bodenschichten vorhanden ist, kann Wasser in tiefere Schichten gelangen. Ist dieser Wasserfluss für längere Zeit unterbrochen, bedarf es eines großen Wasserüberschusses, um die Leitung wiederherzustellen. Wenn in den unteren Bodenschichten die Bodenfeuchte unter einen kritischen Wert gerät, den sogenannten Welkepunkt bei etwa 10 % Bodenfeuchte, können Pflanzen über ihre Wurzeln überhaupt kein Wasser mehr aufnehmen und die Gefahr abzusterben ist groß. Dieser Fall ist selbst bei tiefwurzelnden Bäumen wie den Buchen zunehmend in Waldregionen Frankens beobachtet worden.

An Wassermangel und Insektenbefall und eingeschleppten Krankheiten wird deutlich, in welcher Gefahr sich gegenwärtig unsere Wälder und Parkgebiete befinden. Waldumbau ist dringend angeraten und er wird auch schrittweise durchgeführt. Das ist eine gigantische Aufgabe, die aber mit dem Tempo des Klimawandels möglicherweise nicht mithalten kann. Das Problem nicht nur hinsichtlich der Waldökosysteme ist, dass sich das Klima in Oberfranken zwar dynamisch schnell wandelt, es aber ein temperiertes Klima mit Frost im Winterhalbjahr bleiben wird, sich das Temperaturniveau deutlich erhöht und sich die Verteilung der Niederschlägen unvorhersehbar mit langen Trockenzeiten und zahlreichen Starkregen verschiebt, aber keinesfalls ein subtropisches Klima einstellen kann. Damit kommen Baumarten und Unterarten aus Südeuropa, dem Mittelmeerraum oder Nordafrika für den Waldumbau infrage. Es entsteht jedoch auch hier ein Kipppunkt, denn es gibt keine Garantie für einen erfolgreichen Aufwuchs nicht heimischer Arten und für eine Entwicklung neuer mitteleuropäischer Waldökosysteme, zu denen ja nicht nur Bäume gehören, sondern bei denen die ganze Tierwelt betroffen ist.

Einen weiteren Aspekt gilt es zu berücksichtigen. Wälder werden durch eine angenommene Kohlenstoffaufnahme in die Berechnungen des Pariser Klimaabkommens als Kohlenstoffsenken einbezogen und nehmen in der gegenwärtigen Phase ungebremster Emissionen von CO_2 aus fossilen Energieträgern eine besondere Rolle ein. Bei all den Schädigungen, denen unsere Ökosysteme ausgesetzt sind, ist der Erhalt von sich nachhaltig selbst erhaltenden, funktionstüchtigen Ökosystemen wie Wälder oder Moore und deren Pflege besonders wichtig. Neuanpflanzungen von Bäumen werden als Kohlenstoffsenke beispielsweise erst in 20 bis 30 Jahren wirksam, helfen folglich nicht unmittelbar in der aktuellen Klimakriese. Besondere Beachtung als reale Klimaschutzmaßnahme sollte der Erhalt von großen, zusammenhängenden, naturbelassenen Wäldern erfahren, da diese aktuell effiziente Kohlenstoffsenken darstellen und gegenüber Witterungsschwankungen unempfindlicher sind [35].

Auch in der Landwirtschaft hat und wird der dynamisch fortschreitende Klimawandel für Änderungen sorgen. Diese betreffen z. B. den landwirtschaftlichen Anbau ohne Pflügen und klimaangepasste Fruchtfolgen, um den Humusgehalt im Boden zu erhöhen und damit den dort gespeicherten Kohlenstoff zu konservieren. Auf die Frühjahrstrockenheit hat die ökologische Landwirtschaft mit Zwischenfrüchten und vor allem mit dem Anbau von Winter- statt Sommergetreide reagiert. Eine derartige Tendenz ist ebenso in der konventionellen Landwirtschaft zu beobachten, auch wenn Raps und Mais als Biomasse zur Verbrennung noch dominant sind. Der fälschlicherweise „klimafreundliche" Betrieb von Biogasanalagen oder die Nutzung des Holzes aus Wäldern für Kamin oder Pelletheizungen, forciert die Freisetzung von Treibhausgasen in widersinniger Weise und erzeugt große Mengen an gesundheitsgefährdendem Feinstaub. Es gibt nicht den goldenen Weg beim Klimaschutz, es müssen immer alle Aspekte berücksichtigt werden und am Ende muss die Kohlenstoffbilanz in der Gesamtheit aller Prozesse entscheiden, ob ein Weg sinnvoll ist oder nur sinnvoll klingt.

6.5   Extreme Niederschläge und Hochwasser

Die augenfälligste Gefahr, die vom Klimawandel ausgeht, sind Hochwasserereignisse. In der Vergangenheit traten diese typischerweise mit der Schneeschmelze im Fichtelgebirge und im Frankenwald ein, vor allem wenn diese durch Niederschläge und hohe Temperaturen beschleunigt wurde. Hochwasser durch langanhaltende Niederschläge, wie sie im Zusammenhang mit sogenannten Vb-Wetterlagen [36], bei denen ein Tiefdruckgebiet aus dem Mittelmeerraum östlich der Alpen nach Norden zieht, auftreten, streifen unseren Raum nur durch die abschirmende Wirkung des Bayerischen Waldes und des Böhmerwaldes. Besonders markant sind zumindest bei den betroffenen Menschen kurzzeitige Starkniederschlagsereignisse (siehe Tab. 6.3). Diese sind weitgehend zufällig über Deutschland verteilt, doch konnte in den letzten Jahren für Deutschland und Mitteleuropa eine leichte Zunahme der Zahl der Ereignisse festgestellt werden [37–39]. Wie Abb. 6.19 zeigt, gibt es auch für Oberfranken einen leicht zunehmenden Trend. Dieser ergibt sich vor allem durch die niedrig gelegenen Landkreise in Oberfranken. Für die Landkreise Kronach, Hof und Wunsiedel liegt die Zahl der Ereignisse annähernd gleichbleibend bei ca. 13 pro Jahr. Derartige Starkregenereignisse sind oft mit Hagel verbunden und für die zweite Hälfte des 21. Jahrhunderts werden sogar mehr als die doppelte Anzahl von Hagelereignissen in Mitteleuropa erwartet [39].

Nachfolgend werden an vier Ereignissen Hochwasser und Starkniederschläge in der Region beispielhaft näher erläutert. Viele Starkniederschlagsereignisse bleiben unerkannt, wenn sie keine Siedlungsgebiete treffen, andere sind zwar sehr kleinräumig, haben aber lokal erhebliche Schäden angerichtet, wie am 20. Juli 2011 die Überflutung der A73 bei Buttenheim, der kräftige Gewitterschauer am 9. Juli 2021 in Mürsbach

Tab. 6.3 Warnstufen für Starkniederschlagsereignisse des DWD

Warnstufe	Niederschlag in 1 h	Niederschlag in 6 h
1	15 bis 25 mm	20 bis 35 mm
2	>25 bis 40 mm	>35 bis 60 mm
3	>40 mm	>60 mm

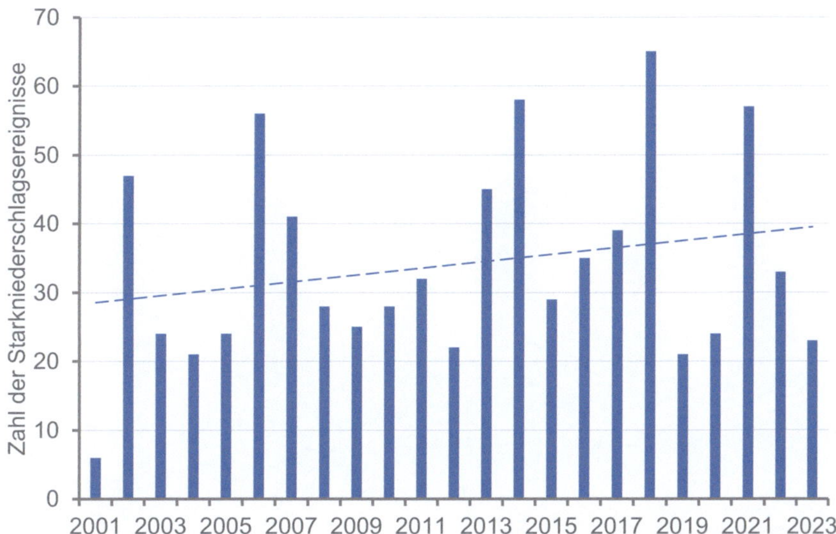

Abb. 6.19 Starkniederschlagsereignisse in Oberfranken von 2001 bis 2023, bearbeitet aus Radardaten des Deutschen Wetterdienstes mit dem Verfahren CatRaRE [40] für die Warnstufe 3, dankenswerterweise bearbeitet durch Dr. Eberhard Faust, Bamberg

nördlich von Bamberg oder das Unwetter am 22. Juni 2023 in Bad Berneck. Dabei ist die Blitzhäufigkeit in Oberfranken im Vergleich zu anderen Mittelgebirgsregionen eher gering, am geringsten zwischen Bamberg bis Coburg (https://www.aldis.at/, ehemals Blitzinformationsdienst von Siemens).

Hochwasser des Mains im Januar 2011

Wie im Abschn. 6.6 noch näher erläutert wird, ist eine geschlossene und länger anhaltende Schneedecke inzwischen zur Seltenheit geworden. Das letzte herausragende Schneeereignis war von Dezember 2010 bis Januar 2011 und dann erst wieder im Februar 2021. Bemerkenswert ist, dass in diesem schneereichen Januar 2011 auch ein größeres Hochwasserereignis im Zusammenhang mit der Schneeschmelze am Main stattfand (Abb. 6.20). Den Zusammenhang zwischen Schneeschmelze und Regen

Abb. 6.20   Mainhochwasser am 15. Januar 2011. Der Main ist in Kemmern bis fast an die Oberkante des Schutzdeiches gefüllt. (Foto: Helmut Wild, Abdruck mit freundlicher Genehmigung)

zeigt eindrücklich die Abb. 6.21. Dort sind die Schneehöhen gemessen in Bamberg, Wattendorf am Westrand des Fränkischen Jura und Ebrach im Steigerwald aufgetragen, wobei die Schneedecke in Ebrach fast 1 m hoch war bei nur 20 cm in Bamberg. Der größte Schneedeckenzuwachs erfolgte an allen Stationen am 16. und 24. Dezember 2010 durch heftigen Schneefall (Niederschlagsmenge ca. 10 mm). Es gilt zu wissen, dass Schnee selbst bei höheren positiven Lufttemperaturen und vor allem bei geringer Luftfeuchte nur langsam abtaut. Der Grund ist, dass Schnee durch den großen Anteil an eingeschlossener Luft (frischer Schnee hat einen Luftanteil von bis zu 90 % bis 95 %) ein schlechter Wärmeleiter ist und frischer Schnee das Sonnenlicht zu etwa 90 % reflektiert und daher kaum Energie zum Schmelzen durch die Sonne erhält. Intensives Tauwetter ist meist mit Regen wärmer als 0 °C möglichst bei hoher Lufttem-

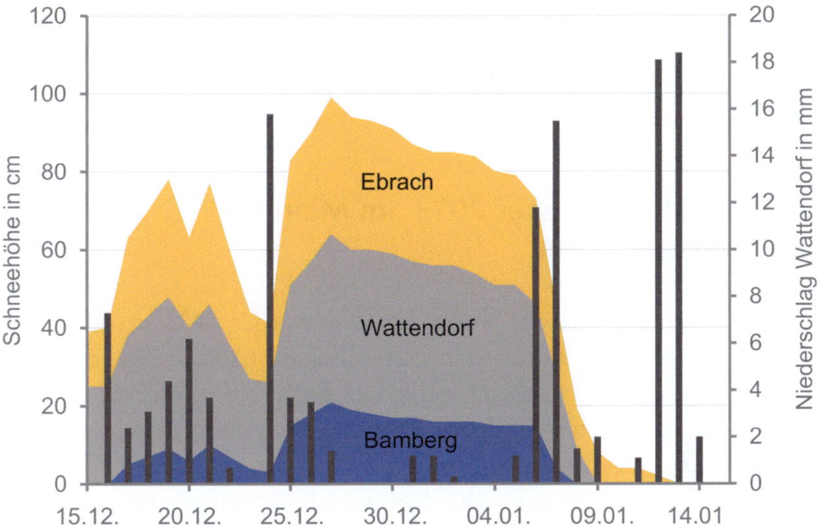

Abb. 6.21   Schneehöhen in Bamberg, Wattendorf und Ebrach vom 15. Dezember 2010 bis 15. Januar 2011 sowie die gemessenen Niederschlagssummen (Balken) während des Zeitraums in Wattendorf (ab 5. Januar 2011 als Regen), aus [8]. (Daten: DWD)

peratur und Wind verbunden. Regen setzte am 6. und 7. Januar 2011 ein (insgesamt 30 mm Niederschlag in Wattendorf). Die Schneedecke war dadurch in nur zwei bis drei Tagen völlig verschwunden (siehe Abb. 6.21). Das Abschmelzen einer Schneedecke im Steigerwald oder Fränkischem Jura oder Schneeschmelze in den höheren Lagen des Frankenwaldes und Fichtelgebirges bedeutet aber per se noch kein Hochwasser in Main oder Regnitz, denn meist setzen die Schneeschmelze in den Mittelgebirgen und der Abfluss des Schmelzwassers unterschiedlich ein und die Schmelzwasserwellen kommen über die Zuflüsse bei Main und Regnitz zeitversetzt an. Das Zusammentreffen von kräftigen Niederschlägen vom 11. bis 14. Januar 2011 (in Wattendorf 40 mm) mit der Hochwasserwelle des Mains, verursacht durch Schneeschmelze in den höheren Mittelgebirgen, führte dann am 15. und 16.1.2011 zu Hochwasser an Regnitz und Main (Abb. 6.20). Mit den immer seltener werdenden größeren Schneehöhen werden derartige Hochwasserereignisse auch seltener.

Die seit den 2000er-Jahren durchgeführten Investitionen im Hochwasserschutz waren bisher erfolgreich, so konnten beispielsweise die niedrig gelegenen Häuser in Bischberg bei Bamberg bis heute sicher geschützt werden.

Weihnachtshochwasser 2023 am Main und seinen Nebenflüssen

Etwas überraschend kam das Weihnachtshochwasser 2023 am Main und insbesondere in seinen nördlichen Nebenflüssen (Abb. 6.22), denn die Hochwasserwelle der Schneeschmelze des Ende November bis Anfang Dezember 2023 in den Mittelgebirgen gefallenen Schnees passierte den Main nördlich von Bamberg bereits am 13. bis 15. Dezember 2023. Weihnachten waren dagegen die Mittelgebirge weitgehend schneefrei und die Lufttemperatur, bei Luftfeuchten über 90 %, war um 9 °C wärmer als die langjährige Referenz – mit der Folge, dass die Atmosphäre fast die doppelte Menge Wasserdampf aufnehmen konnte (vergleiche Abb. 6.16). Das Ergebnis waren Niederschlagsmengen im Frankenwald

Abb. 6.22   Weihnachtshochwasser am 25. Dezember 2023 an der Itz bei Busendorf. (Foto: NEWS5, © Foken)

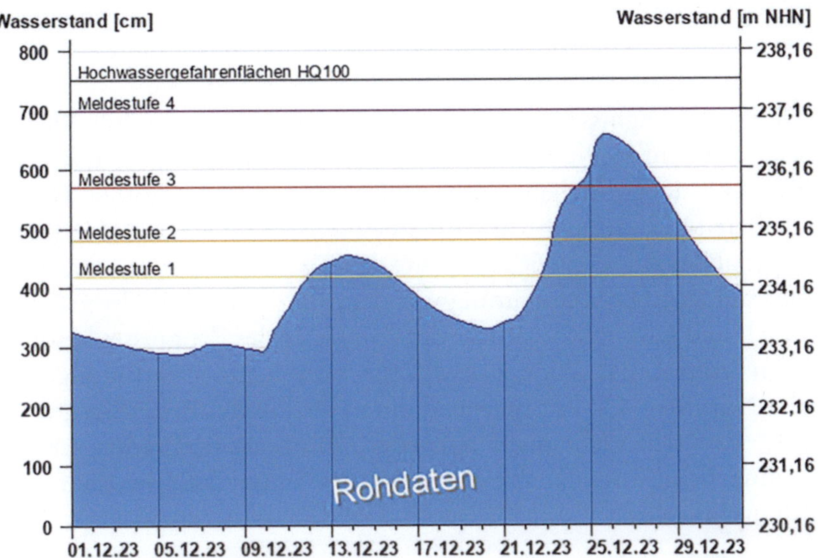

Abb. 6.23 Mainpegel bei Kemmern im Dezember 2023. (Daten: Bayerisches Landesamt für Umwelt)

von über 150 mm über Weihnachten 2023, was bei den bereits durchfeuchteten Böden eine Hochwasserwelle bis zur Meldestufe 3 am Mainpegel Kemmern zur Folge hatte (Abb. 6.23).

Starkniederschlag am 19. Juli 2007 im Raum Bayreuth und 5. Juni 2021 in Bindlach

An einer schwachen Gewitterstörung über Mitteleuropa entwickelte sich am Nachmittag des 19. Juli 2007 im Raum Bayreuth eine kräftige Gewitterzelle mit Starkniederschlag, Hagel und Wind. An der Wetterstation der Universität Bayreuth im Ökologisch-Botanischen Garten fielen binnen weniger Minuten fast 35 mm Niederschlag. Diese hohe Menge in kürzester Zeit in Verbindung mit Sturmböen führte zu lokalen Überflutungen, Überlastung des Kanalsystems, umgestürzten Bäumen und einem Temperatursturz von 30 °C auf fast 15 °C in der Stadt Bayreuth und näheren Umgebung. Interessant, aber üblich war, dass trotz des

Starkregens der Niederschlag nicht einmal 20 cm tief in den Boden eingedrungen war, wie Bodenmesswerte an der Wetterstation des Ökologisch-Botanischen Gartens in Bayreuth beweisen konnten.

Derartige Ereignisse sind sehr lokal, können aber, wie im Juli 2007 geschehen, extremste Wetterereignisse in kurzer Zeit erzeugen. Diese Unwetter sind aber durchaus vorhersagbar, wie dass Bayreuther Beispiel zeigt. Bereits 12 Stunden vorher wurde die Bildung einer Gewitterzeller erkannt und 6 Stunden vorher konnte die Lage schon sehr präzise vorhergesagt werden. Die Zugrichtung war dann im Radarbild sehr genau ersichtlich und sehr präzise konnte der Zeitpunkt des Ereignisses bestimmt werden (Abb. 6.24). Eine zweite Zelle verursachte Überflutungen im Raum Nürnberg. Ob entsprechend durch die lokalen Behörden gewarnt wurde, lässt sich nicht mehr feststellen. Ein Starkniederschlagsereignis von ähnlichem Ausmaß gab es nochmals am 5. Juni 2021 im Raum Bayreuth und Bindlach.

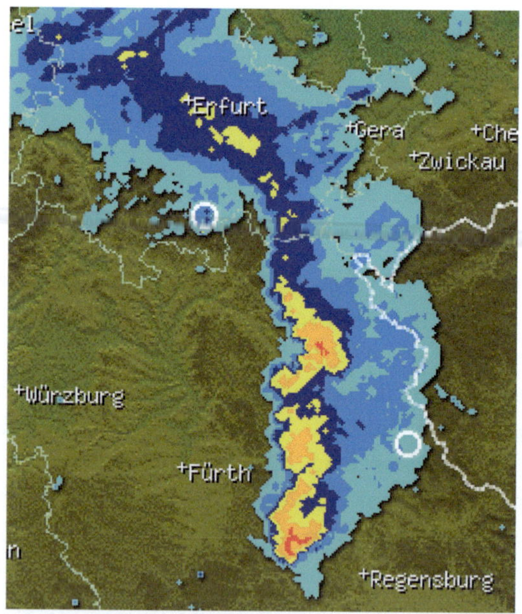

Abb. 6.24   Radarbild vom 19.Juli 2007, 16:11 MESZ. (Quelle: DWD)

Starkniederschlag am 2. Mai 2024 in Bamberg

Im Jahr 2024 war Bamberg am 2. und dann nochmals am 21. Mai ebenso von derartigen Unwetterereignissen betroffen. Die über Bamberg innerhalb einer Stunde niedergegangen Regenmengen führten zu lokalen Überflutungen, vor allem da, wo die Wassermassen nicht durch die Kanalisation aufgenommen werden konnten. Abb. 6.25 zeigt für den 2.Mai 2024 die 10-minütigen Niederschlagssummen gemessen an der DWD-Wetterstation Bamberg. Das gesamte Niederschlagsereignis dauerte gut eine Stunde und insgesamt ist eine Summe von 46 mm gefallen. In Bischberg nordwestlich von Bamberg fielen im gleichen Zeitraum nur 11 mm. Das Foto in Abb. 6.26 zeigt eine überflutete Eisenbahnunterführung in der Geisfelder Straße in Bamberg. Derartige Starkniederschläge treten oft in einem sehr begrenzten Raum auf und das eigentliche Maximum wird selten erfasst, falls nicht aufwendige Radarauswertungen zurate gezogen werden können. Abb. 6.27 gibt uns eine solche Radar-

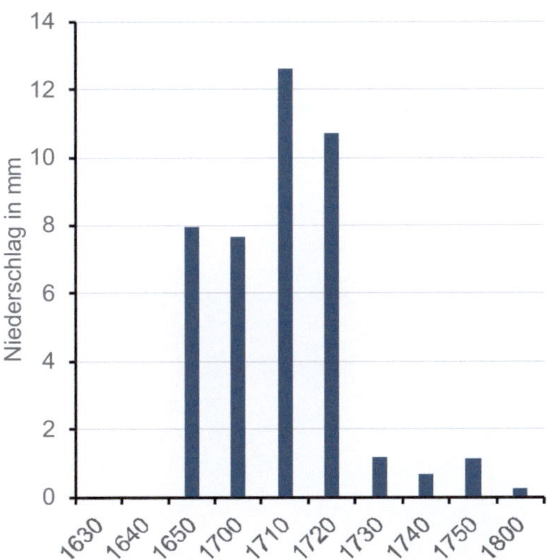

Abb. 6.25   10-minütige Niederschlagssummen am 2.Mai 2024 von 16:30 bis 18:00 Uhr MESZ an der DWD-Wetterstation Bamberg. (Daten: DWD)

Abb. 6.26 Überflutete Eisenbahnunterführung Geisfelder Straße in Bamberg am 2. Mai 2024 gegen 17 Uhr MESZ. (Foto: NEWS5/Merzbach, © Foken)

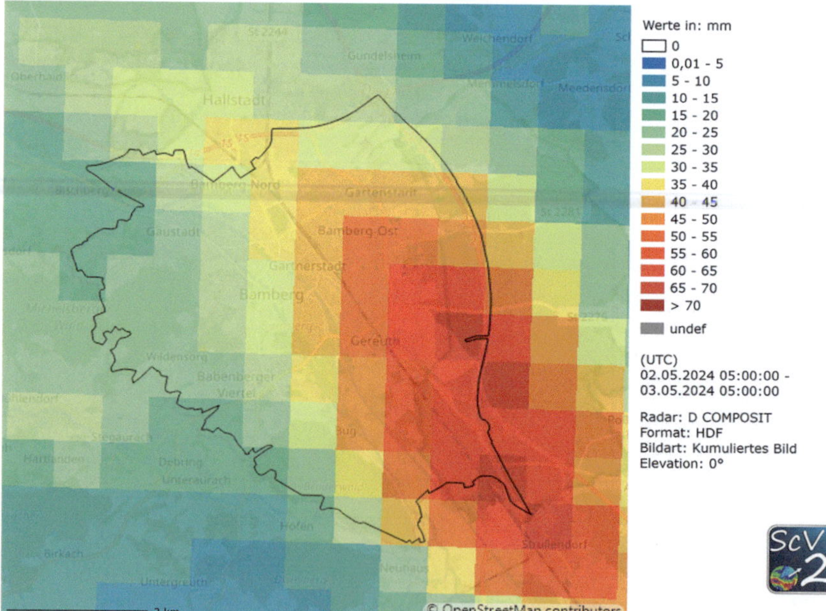

Abb. 6.27 Kumulierte Niederschläge am 2.Mai 2024 im Gebiet Bamberg, Radarauswertung: hydro & meteo Lübeck

bildauswertung anhand der kumulierten Niederschläge am 2.Mai 2024 im Gebiet Bamberg. Die DWD-Wetterstation (gemessen 46 mm) liegt an der Südwestflanke der Schauerzelle. Im Stadtzentrum Bambergs nahe der Geisfelder Straße betrug die aus den Radardaten bestimmte Niederschlagsmenge jedoch 60 mm bis 70 mm.

6.6 Höhe der Schneedecke

Wer sich erinnert, der weiß noch, dass die Skigebiete in Wattendorf vor den Toren Bambergs oder an der Hohen Straße in Bayreuth vor 30 Jahren noch Realität waren. Heute spricht keiner mehr davon. Gerade hinsichtlich Schnee in Deutschland und sicherlich anderswo auf der Welt zeigt sich uns, dass sich durch den beschleunigten, durch Menschen verursachten Klimawandel plötzlich etwas ändert und dann die Situation von zuvor auch nicht wiederkehrt. Schneefall ist oft mit Überraschungen verknüpft, insbesondere, wenn es durch spezielle Wetterlagen zu langanhaltenden starken Schneefällen kommt. Die Wetterbedingungen dafür sind rar geworden.

Die zusätzliche Energie auf der Erde durch den anthropogenen Treibhauseffekt erwärmt zu 93 % die Ozeane und für die Atmosphäre bleibt gerade einmal 1 %, obwohl wir in der Atmosphäre die Erwärmung quantitativ am besten feststellen können. Der derzeit deutlich wärmere Nordatlantik und der Rückgang der arktischen Eisbedeckung führen dazu, dass im Dezember weite Teile des Ozeans zwischen Ostgrönland und Spitzbergen eisfrei sind. Die maritime Polarluft, die über den Nordatlantik und die Nordsee nach Deutschland strömt, ist folglich deutlich wärmer als vor 30 bis 50 Jahren und die Tiefdruckgebiete, die diese Luft nach Mitteleuropa führen, bringen eher Regen als Schnee.

Im deutschen Binnentiefland tritt Schneefall aktuell vorwiegend bei arktischer Polarluft auf, die den direkten Weg östlich der skandinavischen Gebirge nimmt. Sie ist zwar relativ trocken, doch wenn sie sich über Mitteleuropa mit feucht-warmer Luft mischt, kommt es zu ergiebigen Schneefällen und sogar zu katastrophalen Nassschneefällen. Somit bringen uns die für Europa typischen Tiefdruckgebiete aus westlichen Richtungen (Atlantik) im Tiefland kaum noch Schneefälle. Allerdings ist zunehmend in Oberfranken zu beobachten, dass im Spätwinter (Februar bis März) die Schneefälle zunehmen, während sie im Frühwinter (November bis Dezember) abnehmen. Grund dafür ist, dass sich der Nordatlantik in einigen Wintern doch stärker abgekühlt hat oder dass kältere Luft vom Eurasischen Kontinent einfließt. Kritisch können starke Schneefälle im März sein, wenn die Vegetationsperiode gleichzeitig schon deutlich früher begonnen hat.

Ein weiterer Fakt, der den Schneefall in Oberfranken beeinflusst und für weniger Schnee sorgt, ist einerseits die in Abschn. 6.1 festgestellte Zunahme der mittleren Lufttemperatur um 2 °C bis 3 °C. Anderseits nimmt die Lufttemperatur um 0,6 °C pro 100 m Höhe ab. Somit ist gegenwärtig die Null-Grad-Grenze bei gegebener Wetterlage in Oberfranken etwa 300 bis 500 m höher als zur Mitte des 20. Jahrhunderts. Dies bedeutet, dass die Häufigkeit von Schneefällen gerade in den tiefer gelegenen Tallagen von Main, Regnitz und deren Zuflüssen abgenommen hat und dass in den Gebirgen die Perioden zwischen zwei kühleren Abschnitten mit Schneedecke länger geworden sind. Die Schneedecken tauten folglich öfters ab und der Effekt, dass sich Schneefälle zu einer geschlossenen Schneedecke akkumulieren, tritt seltener auf (Schneeklima, *Dfb*).

Werden die Tage mit einer Schneedecke ≥ 1 cm (Schneedeckentage, Abb. 6.28) in Oberfranken betrachtet, beginnt ab etwa 1990 und ab 2010 verstärkt der deutliche Rückgang der Schneedeckentage, sodass es in Bamberg kaum noch Tage mit ausgebildeter Schneedecke gibt und in Höhenlagen des Fichtelgebirges um 600 m bis 700 m ü. NHN nur noch Schneedecketage wie in den 1990er-Jahren in Hof auftreten. Die Abnahme der Schneedeckentage im Fichtelgebirge von 12 Tagen pro 10 Jahren [13] entspricht dem Wert, der auch für andere deutsche Mittelgebirge gefunden wurde [41].

Die Variabilität der Schneedeckentage von Jahr zu Jahr bleibt, wie zu erwarten, erheblich groß. Schneedeckenhöhen gleich oder größer 15 cm sind in Bamberg und auch im 100 m höher gelegenem Bayreuth eher ein singuläres Ereignis [8, 30]. Somit bleibt den Wintersportlerinnen und -sportlern nur der Blick in die nahen Mittelgebirge Thüringer Wald und Fichtelgebirge, wo die Wintersportgebiete nochmals um bis zu 300 m bis 500 m höher liegen. Daher sollen im Folgenden (Abb. 6.29)

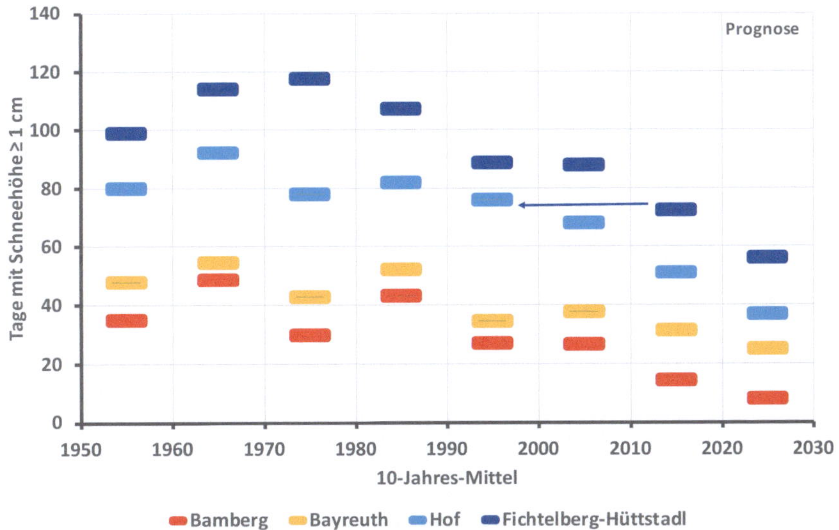

Abb. 6.28 Abnahme der Tage mit einer Schneedecke ≥ 1 cm zwischen 1950 und 2020, nach [13] modifiziert (Daten: DWD)

nur die Messwerte für Fichtelberg-Hüttstadl (Fichtelgebirge) in 650 m ü. NHN betrachtet werden. Bei einer Schneedecke gleich oder größer 15 cm kann davon ausgegangen werden, dass Skilanglauf im freien Gelände möglich ist. Wie durch Abb. 6.29a erkennbar, gibt es immer wieder Jahre im Fichtelgebirge, in denen Schneehöhen von gleich oder größer 15 cm eher Mangelware sind. So im Winter 2019/2020, wo lediglich ein Tag und 2024/2025 nur maximal 14 cm an wenigen Tagen beobachtet wurden. Insgesamt ging die Anzahl in den 60 Jahren seit 1961 von 80 auf 30 Tage zurück.

Die Anzahl der Tage geeignet für Skiabfahrt ohne künstliche Beschneiung (gleich oder größer 30 cm Schneehöhe) zeigen eine typisch hohe Variabilität (Abb. 6.29b), dennoch ist ein Rückgang vom 50 auf zehn Tage offensichtlich.

Auch die Schneesicherheit, d. h., wenn der kälteste Monat im Jahr eine mittlere Lufttemperatur gleich oder kleiner −3,0 °C aufweist [42], ist merklich zurückgegangen. Lag 1961 bis 1990 die mittlere Januar-

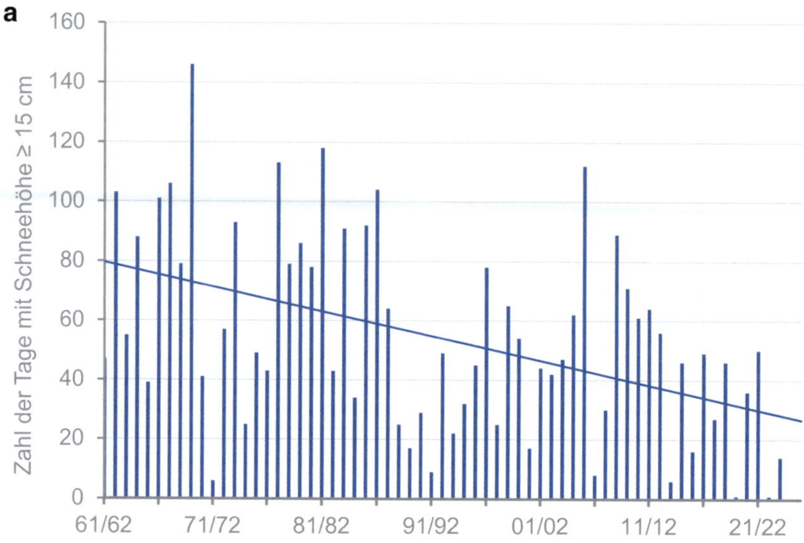

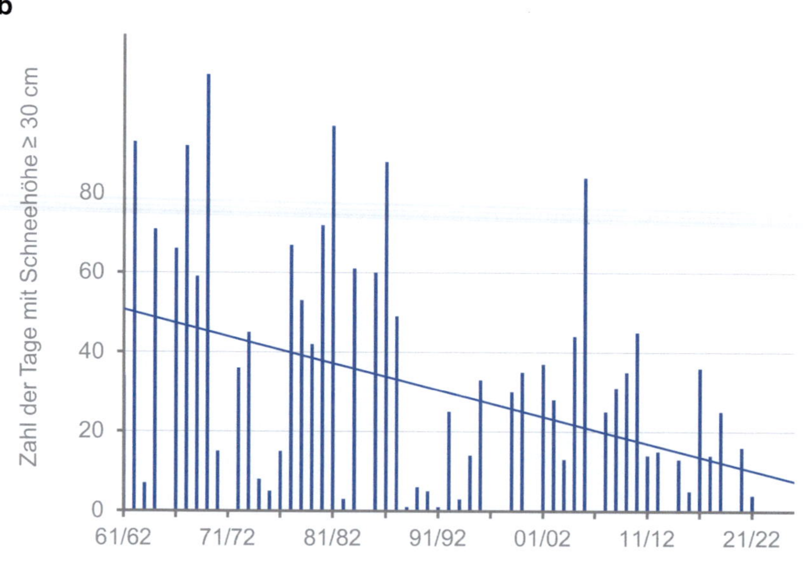

Abb. 6.29   Anzahl der Tage mit Schneedecke a) ≥ 15 cm Höhe und b) ≥ 30 cm Höhe in Fichtelberg-Hüttstadl (Fichtelgebirge, 657 m ü. NHN) für die Winter 1962/1963 bis 2024/2025, aus [8] ergänzt. (Daten: DWD)

temperatur in Fichtelberg-Hüttstadl (657 m ü. NHN) noch bei –3,4 °C, so betrug sie 1991 bis 2020 nur noch –1,8 °C. Schneesicherheit herrscht gegenwärtig nur noch in Höhen oberhalb 800 m bis 1000 m ü. NHN. Die Grenze lag 1960 noch bei 500 m bis 600 m. Diese Grenze der Schneesicherheit ist sehr deutlich erkennbar bei einer Fahrt ins Mittelgebirge, wenn erst ab einer bestimmten Höhe recht plötzlich eine geschlossene Schneedecke auftaucht. Unterhalb dieser Schneegrenze sind, wie schon zuvor erwähnt, die Tauphasen so lang, dass die gesamte Schneedecke oder große Teile abtauen und keine Akkumulation des gefallenen Schnees mehr stattfinden kann. Diese Grenze ist in Abb. 6.30 für den Zeitraum 1950–2025 dargestellt. Wegen der gegenwärtigen Temperaturzunahme von fast 0,5 °C in zehn Jahren lässt sich vorhersagen, dass in 20 bis 30 Jahren im Fichtelgebirge und den anderen oberfränkischen Mittel-

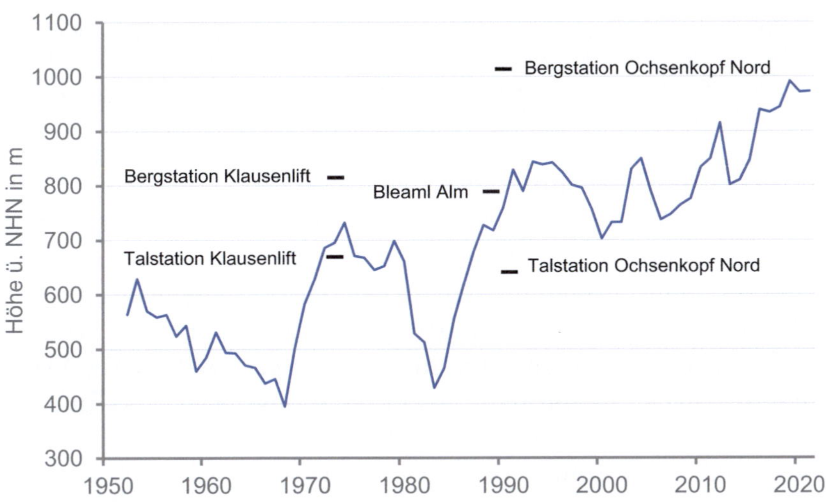

Abb. 6.30   Höhe ü. NHN, in der eine mittlere Lufttemperatur im Januar von –3 °C oder niedriger herrscht, berechnet aus den DWD-Messdaten von Fichtelberg-Hüttstadl (fünfjährige, geglättete Mittelwerte 1950–2025) und einer Abnahme der Lufttemperatur mit der Höhe von 0,6 °C pro 100 Höhenmeter. Eingetragen sind bekannte Wintersportattraktionen, nach [42] ergänzt. (Daten: DWD, homogenisiert)

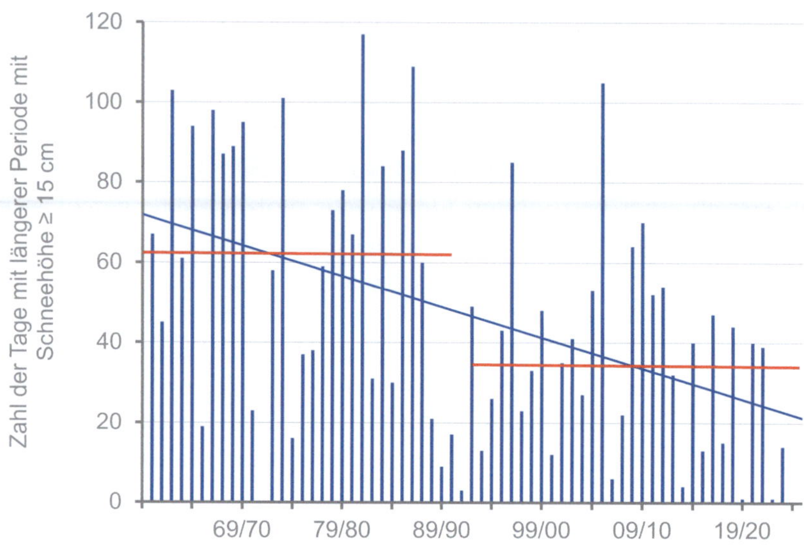

Abb. 6.31 Anzahl der Tage der längsten Periode mit Schneehöhen größer oder gleich 15 cm für Fichtelberg-Hüttstadl (Fichtelgebirge, 657 m ü. NHN) und DWD-Daten von 1960/1961 bis 2024/2025. Die roten Balken zeigen das Mittel der Abschnitte 1960–1992 bzw. 1993–2025, nach [42] ergänzt. (Daten: DWD)

gebirgen sich Skifahren nur in einzelnen Jahren lohnt und dann auch nur für kurze Zeit. Wintersport gehört dann in Oberfranken zur Geschichte.

Das hat beachtliche Folgen für den Wintertourismus. Während in den 1960er- bis 1980er-Jahren die fränkischen Mittelgebirge nahezu immer zwei bis drei Monate mit annehmbarer Schneedecke vorweisen konnten, ist es ab den 1990er-Jahren kaum mehr ein Monat (Abb. 6.31). Damit werden die Menschen nur dann ins Fichtelgebirge oder den Thüringer Wald zum Wintersport fahren, wenn wirklich ausreichend Schnee liegt. Winterurlaub wird somit meist nur noch kurzfristig gebucht. Die Urlaubsorte, die sich nicht bereits seit Längerem auf andere Aktivitäten im Winter oder auch außerhalb der Winterzeit orientiert haben, haben das Nachsehen [23]. Da sich die Tendenz steigender Lufttemperaturen fortsetzt, werden sich in den 2030er- oder 2040er-Jahren bei der aktuell beobachteten Abnahme der Schneedeckentage in deutschen Mittelgebirgen außer in den Hochlagen des Bayerischen Waldes und des

Schwarzwaldes keine Skisportgebiete mehr finden, mit regional bedeutsamen wirtschaftlichen Folgen. Nicht ausgeschlossen ist selbstredend, dass es in einzelnen Jahren doch noch einmal eine ansehnliche Schneedecke gibt. Das war im Winter 2005/2006 der Fall und die Politik hat sogleich den Bau von Liften und Beschneiungsanlagen gefördert. Als dann im Folgewinter die Beschneiungsanlage am Ochsenkopf eingeweiht werden sollte, waren die Temperaturen so hoch, dass die Anlage nicht in Betrieb genommen werden konnte. Das kurioseste Beispiel war aber ein Skiliftbau am Staffelberg bei Bad Staffelstein.

Auch wenn beispielsweise im Winter 2024/2025 niemals eine Schneedecke in Fichtelberg-Hüttstadtl von mindestens 15 cm Höhe auf natürliche Weise gefallen war, so war der Winter doch durch intensiven Wintersport in den Monaten Januar und Februar am Ochsenkopf oder Klausenlift aufgrund der Kunstbeschneiung geprägt. Befragungen von Touristen in deutschen Mittelgebirgsregionen (ohne Fichtelgebirge) haben ergeben, dass das Interesse am alpinen Skilauf deutlich über dem am Skilanglauf liegt [43, 44]. Eine Wintersportregion definiert sich also eher über ihre meist heute künstlich beschneiten Hänge als über ihre Landschaften mit einer durchgehenden Schneedecke. Für den schneereichen Winter 2009/2010 wurde die Beschneiung des Hanges am Klausenlift untersucht. Um die ganze Saison Skiabfahrtslauf zu ermöglichen, mussten alle für eine Beschneiung geeigneten Zeiträume genutzt werden [45]. In den 1960er-Jahren gab es etwa 60 Tage, die für eine Beschneiung geeignet waren, um 2010 nur noch etwa 30 bis 40 Tage. Vor diesem Hintergrund wird das Ende des Wintertourismus im Fichtelgebirge nicht nur von meteorologischen Daten abhängen, sondern eher wirtschaftlich bedingt sein. Denn wie lange werden Investitionen getätigt und wie lange ist der Betrieb von Wintersportanlagen mit rein künstlicher Beschneiung rentabel, wenn sich die Zeiten für eine Beschneiung weiter reduzieren oder die Übernachtungen nicht mehr längerfristig gebucht werden [46]? Die Tourismuszentrale Fichtelgebirge e. V. erwartet folglich nur noch weitere zehn bis 15 Jahre mit Wintersport im Fichtelgebirge [47].

Schneefall verbindet die Menschen immer wieder mit „Weißen Weihnachten". Die Meteorologie bezeichnet solche, wenn mindestens an einem der Tage vom 24. bis 26. Dezember zumindest 1 cm Schnee liegt. Dabei ist ein derartiges Ereignis selbst für ganz Deutschland relativ selten. In Bamberg liegt die Häufigkeit etwa bei 20 % bis 30 %, in den Mittelgebirgen bei 30 % bis 40 %. Eingedenk der Tatsache, dass die sichtbare Erwärmung Oberfrankens durch den Klimawandel erst etwa ab 1980 einsetzte, so treten „Weiße Weihnachten" z. B. in Bamberg nur zwei- bis viermal (Abb. 6.32a), wobei 2010 das letzte Weiße Weihnachten war, und in Fichtelberg-Hüttstadtl nach 2000 nur noch etwa fünfmal pro Jahrzehnt auf (Abb. 6.32b). In der Grafik kommt für Fichtelberg-Hüttstadtl nicht zum Ausdruck, dass nach 1980 bei Weißen Weihnach-

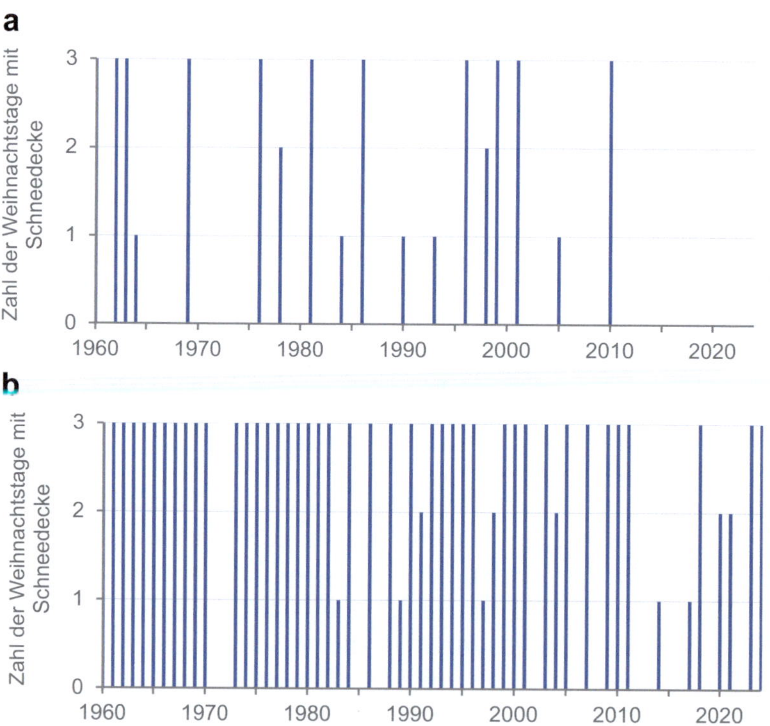

Abb. 6.32 Anzahl Weiße Weihnachten 1961–2024: Tage zwischen dem 24. und 26. Dezember mit einer Schneedecke von mindestens 1 cm Höhe in **(a)** Bamberg aus [8] und **(b)** Fichtelberg-Hüttstadtl. (Daten: DWD)

ten nur wenige Zentimeter Schnee lagen, während vorher immer eine deutlich höhere Schneedecke lag. Eine Abnahme der Jahre mit „Weißen Weihnachten" ist aufgrund der Seltenheit für Bamberg oder Fichtelberg nicht statistisch abzusichern.

Demgegenüber ist das „Weihnachtstauwetter" in zwei von drei Jahren ein sehr sicherer Wetterregelfall. In der Regel beeinflusst nach einem Kaltluftvorstoß Mitte Dezember Richtung Mitteleuropa relativ warme Luft gerade um Weihnachten unseren mitteleuropäischen Raum, verursacht durch einen Tiefdrucktrog, die sogenannte „Weihnachtszyklone", welcher milde Meeresluft heranschiebt. Nach Weihnachten, um oder nach Silvester, stellt sich im Mittel wieder kältere Witterung ein. In den Mittelgebirgen taut während der warmen Witterung Ende Dezember oft nicht der gesamte Schnee ab und im anschließenden Kälteeinbruch als Übergang in den Hochwinter Anfang Januar geht Regen wieder in Schneefall über.

Dennoch bleibt das Gefühl, dass „Weiße Weihnachten" seltener geworden sind. Dies liegt zum einen daran, dass viele Menschen selbst nicht von einer derart exakten, wie zuvor beschriebenen Definition ausgehen und die Zeitspanne der Weihnachtstage etwas größer wählen, zumeist zwischen Weihnachtsmarktbesuch und Silvester, für die die Abnahme der Tage mit Schneedecke durch den Klimawandel begründet werden kann. Zudem gibt es auch einige wissenschaftliche Fakten, die eine Abnahme der „Weißen Weihnachten" durchaus wahrscheinlich erscheinen lassen, wie die Verlagerung der Null-Grad-Grenze in höher gelegene Regionen und Regen statt Schneefall bei Tiefdruckgebieten, die vom warmen Atlantik oder Mittelmeer nach Oberfranken gelangen.

6.7 Sturm

Besonders im Fichtelgebirge ist der Orkan „Kyrill" am 18. und 19. Januar 2007 noch in guter Erinnerung, dem große Waldflächen auch im Fichtelgebirge zum Opfer fielen (Abb. 6.33). Derartige Ereignisse sind derzeit noch selten, belastbare Zu- oder Abnahmetrends wissenschaftlich nicht bestimmbar. Es kann jedoch davon ausgegangen werden, dass

Abb. 6.33 Bereits beräumte Windbruchflächen nördlich des Großen Waldsteins nach dem Orkan Kyrill am 18. und 19. Januar 2007. (Foto: Foken, März 2007)

Stürme und Orkane in ihrer Intensität, Lebenszeit oder Häufigkeit in Europa bei beschleunigtem Klimawandel zunehmen werden.

Zahlreiche Faktoren beeinflussen die Häufigkeit von Windbruch, insbesondere hinsichtlich der Fichte. Erhöhte mittlere Lufttemperaturen, unregelmäßige Niederschlagsverteilung und Wetterextreme aller Art führen vor allem bei den in Nordbayern durch Menschen in Monokultur angebauten Fichten und Kiefern dazu, dass die Wuchsbedingen für das Überleben dieser Bäume extrem ungünstig geworden sind. Die Schädigung durch bodennahes Ozon oder Überdüngung mit Stickstoff durch die hohen Konzentrationen von Stickstoffoxiden in der Luft wirken sich außerdem auf die Holzqualität aus und die Windbruchgefahr nimmt zu. Die so vorgeschädigten Bäume sind gute Nahrung für den Borkenkäfer, der durch beste Umweltbedingungen bereits ab dem Frühjahr in mehreren Populationen übers Jahr hinweg auftritt.

6.8   Sonnenscheindauer

In Oberfranken können bis zu 2000 Stunden Sonnenschein im Jahr erreicht werden. Es lässt sich aber für die Sonnenscheindauer (tatsächliche Dauer der direkten Sonnenstrahlung in Stunden) jedoch derzeit kein eindeutiger Trend bestimmen. Dies liegt an zu kurzen Messreihen, denn erst nach 2000 gibt es zuverlässige elektrische Messungen mit optoelektronischen Sensoren. Vorher wurde die Sonnenscheindauer mit einer Glaskugel gemessen, die eine Brennspur auf einem Papierstreifen erzeugte [48]. Die Messungen mit dieser Methode zeigte große Unsicherheiten beim manuellen Ablesen der Papierstreifen in Abhängigkeit von der auswertenden Person. Einige Daten aus Oberfranken sind im Anhang zum Buch angegeben. Beobachtete Zunahmen der bodennahen Ozonkonzentrationen an der Station Waldstein-Weidenbrunnen (Fichtelgebirge bei Weißenstadt) wurden mit einer Zunahme der Globalstrahlung in Verbindung gebracht [49]. Damit verbunden ist aber auch eine Gefahr für intensive sportliche Aktivitäten bei hohen Ozonkonzentrationen in den oberfränkischen Mittelgebirge verbunden, da die hoch gelegenen Bergregionen oft oberhalb einer Inversion (oberhalb der Nebel-, Wolkendecke) liegen und das Ozon in der Nacht nicht abgebaut wird wie in tieferen Lagen [49].

6.9   Phänologie

Im Abschn. 5.1 wurde gezeigt, dass mittels phänologischer Beobachtungen das Klima einer Region gut charakterisiert werden kann. Oft sind die vorhandenen Beobachtungen jedoch zu heterogen, um verlässliche klimatologische Trends aufzeigen zu können. Für Oberfranken gibt es zumindest im Ökologisch-Botanischen Garten der Universität Bayreuth seit 1999 einen Internationalen Phänologischen Garten [50, 51] mit Daten zur Pflanzenentwicklung in Abhängigkeit zum Wettergesehen auf der Basis geklonter Pflanzen. Ab 2006 liegen verlässliche Daten vor, die zumindest einen Vergleich der ersten und der letzten Jahre in der fast

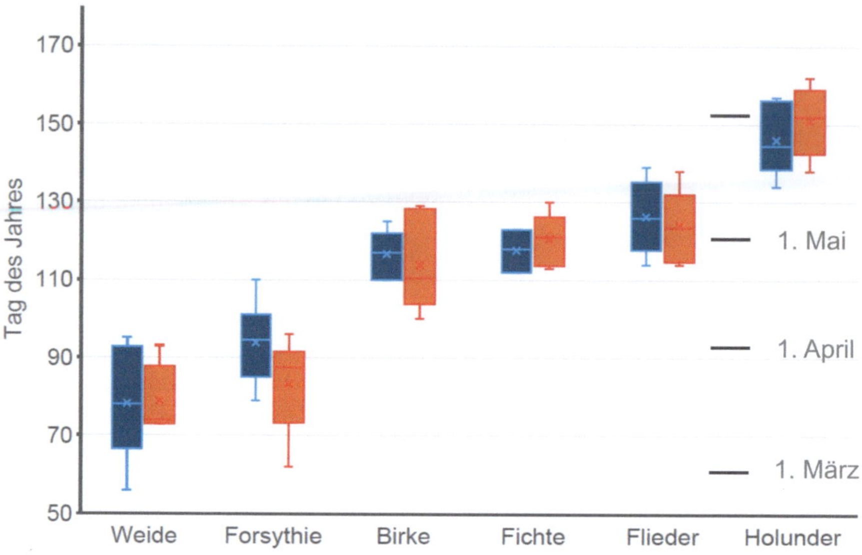

Abb. 6.34 Box-Whisker-Plot der Eintrittstermine des Blühbeginns der Korbweide (*Salix viminalis*), der Hängenden Forsythie (*Forsythia suspensa*), der Moorbirke (*Betula pubescens*), der Fichte (Maitrieb, *Picea abies*), des Roten Flieders (*Syringa x chinensis*) und des Schwarzen Holunders (*Sambucus nigra*) im Internationalen Phänologischen Garten des Ökologisch-Botanischen Gartens der Universität Bayreuth in den Jahren 2006–2011 (blau) im Vergleich zu 2016–2021 (orange). (Datenbereitstellung: Prof. Dr. Susanne Jochner-Oette, Katholische Universität Eichstätt-Ingolstadt)

20-jährigen Beobachtungsreihe ermöglichen (siehe Abb. 6.34). Auffällig ist, dass es trotz der zeitlich nahen Mittelungszeiträume 2006–2011 und 2016–2021 doch einige Besonderheiten gibt. Die Forsythie blüht inzwischen signifikant zehn Tage zeitiger. Während die Streuung bei der Weide anfangs groß war, liegt der Blühbeginn inzwischen um den 20. März. Der Blühbeginn der Pflanzen ab Mitte April hat sich kaum verändert, allerdings hat die Streuung bei der Birke deutlich zugenommen. Das belegt auch die zeitigere Apfelblühte, wie nachfolgend gezeigt.

Die zeitigeren Eintrittsdaten der phänologischen Phasen zusammen mit den weiterhin und sogar häufigeren Spätfrosttagen (siehe Abschn. 6.3) stellen einen Trend dar, der dramatisch für den Obst- und Weinbau nicht nur für Oberfranken ist, denn die Blüte der Obstbäume oder der Blatt-

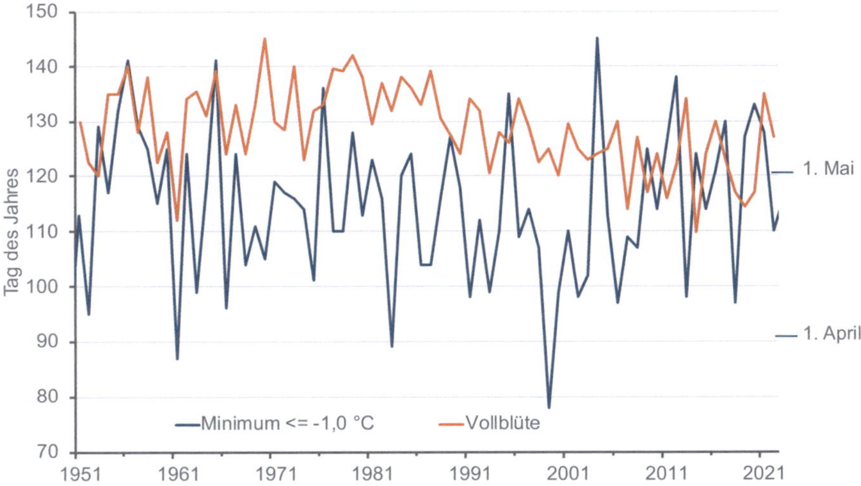

Abb. 6.35   Blau: Zeitpunkt des letztes Spätfrostereignisses (Minimum ≤ -1 °C). Orange: Median der Vollblüte des Apfels. Beides in der Region Bamberg 1951 bis 2022. Wetterdaten: DWD t, Bearbeitung der Daten der Apfelblüte durch Prof. Dr. Annette Menzel, TU München, aus [8]

austrieb des Weins beginnt in der Regel zwei Wochen früher als in der Vergangenheit. Der Austrieb an den Weinstöcken ist von Ende April im Jahr 1990 inzwischen schon auf Mitte April verfrüht. In Abb. 6.35 wird das Problem an der Vollblüte des Apfels gezeigt: Bis 2005 war die Apfelblüte in der Region Bamberg meist Mitte Mai und damit deutlich später als das letzte Frostereignis. Danach fallen Frostereignisse und Vollblüte Ende April bis Anfang Mai häufig zusammen und 2024 führte das zum vollständigen Ausfall der Apfelernte.

Ein Zeugnis der zunehmenden Erwärmung sind Veränderungen der Rebsorten im oberfränkischen Weinanbaugebiet nahe Bamberg. Dies kann mit dem Huglin-Index anschaulich gezeigt werden [14, 52]. Dieser dient zur Abschätzung der Anbaueignung verschiedener Rebsorten auf der Nordhalbkugel und wird aus der Wärmesumme der Lufttemperatur und den Tagesmaxima der Temperatur oberhalb von 10 °C im Zeitraum vom 1. April bis 30. September eines jeden Jahres mit einer Breitenkreis abhängigen Formel bestimmt. Die entsprechende Auswertung für Bamberg zeigt Abb. 6.36. Das Problem im Weinbau ist es, dass ein neuer

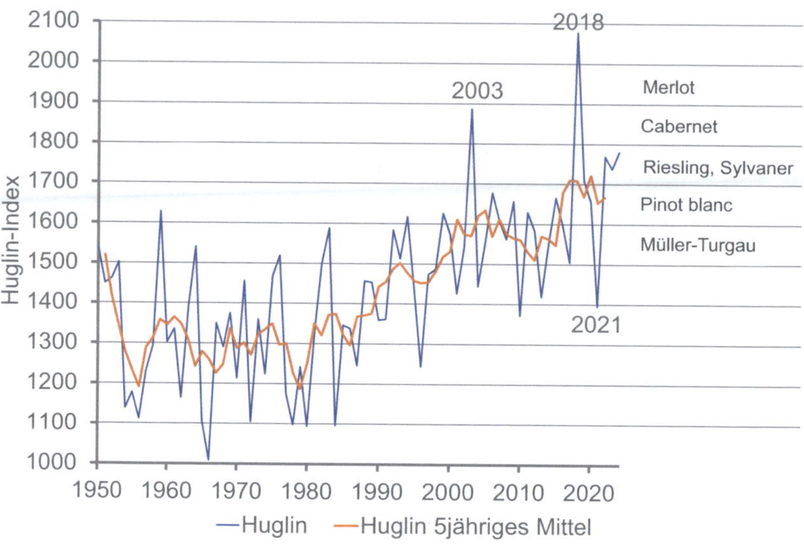

Abb. 6.36 Huglin-Index für Bamberg 1950–2024 und gleitendes Mittel über fünf Jahre sowie zugeordnete Rebsorten für die DWD-Wetterstation Bamberg. Die wärmeren Weinanbaugebiete haben einen um ca. 200 bis 300 Punkte höheren Huglin-Index. (Daten: DWD)

Weinberg einige Jahre braucht, bis die angepflanzten Stöcke Ertrag abwerfen. Folglich muss auf die Prognose der Entwicklung des Huglin-Indexes Verlass sein. Die Darstellung in Abb. 6.36 zeigt die Daten der DWD-Wetterstation Bamberg, wo es deutlich kühler ist als am Weinberg am Michelsberg (Abb. 2.7) oder an den noch wärmeren Weinbergen bei Unterhaid nahe der Grenze zu Unterfranken (Abb. 5.1). Dennoch ist ersichtlich, dass der Index seit 1980 belegbar um rund 100 Punkte pro zehn Jahren angestiegen ist. Abschätzungen für die Weinbergstandorte ergeben einen Huglin-Index, der etwa 200 bis 300 Punkte über dem der DWD-Wetterstation Bamberg liegt, der Trend jedoch bleibt erhalten. Damit war bis etwa 1990 der Müller-Thurgau die typische Rebsorte. In den letzten Jahren besteht die deutliche Tendenz zu Rotweinen oder trockenresistenten Sorten.

Literatur

1. IPCC (2021) Climate Change 2021. The Physical Science Basis. Contribution of Working Group I to the Sixth Assessment Report of the Intergovernmental Panel on Climate Change. Cambridge University Press, Cambridge. https://doi.org/10.1017/9781009157896
2. Brasseur GP, Jacob D, Schuck-Zöller S (Hrsg) (2023) Klimawandel in Deutschland. Springer-Spektrum, Berlin/Heidelberg. https://doi.org/10.1007/978-3-662-66696-8
3. StMUV (2021) Klima-Report Bayern 2021. Bayerisches Staatsministerium für Umwelt und Verbraucherschutz, München
4. Kaspar F, Friedrich K, Imbery F (2023) Observed temperature trends in Germany: Current status and communication tools. Meteorol Z 32:279–291. https://doi.org/10.1127/metz/2023/1150
5. DWD (2025) Klimastatusbericht für Deutschland. Deutscher Wetterdienst, Offenbach
6. Cleveland WS, Devlin SJ (1988) Locally weighted regression: an approach to regression analysis by local fitting. J Am Stat Assoc 83(403):596–610. https://doi.org/10.1080/01621459.1988.10478639
7. WMO (2025) State of the Global Climate 2024, WMO No. 1368. World Meteorological Organization, Geneva
8. Foken T (2025) Bamberg im Klimawandel, 2. Aufl. Books on Demand GmbH, Norderstedt
9. Foken T (2021) Bearbeitung der Bamberger Klimareihe 1879–2020. Univ Bayreuth, Abt Mikrometeorologie, Arbeitsergebnisse 57:49. https://doi.org/10.15495/EPub_UBT_00005217
10. Vollrath H (1979) Gibt es ein bayerisches Sibirien? Eine volkstümliche Hyperbel im Lichte einer klimatologischen Untersuchung. Der Siebenstern 48:93–95
11. Lange U (2004) Professor Heinrich Vollrath mit den besten Wünschen zum 75. Geburtstag. Beitr Naturkd Osthess 40:3–4
12. Foken T (2021) Prof. Dr. Heinrich Vollrath und sein Beitrag zum Klima des Fichtelgebirges. Der Siebenstern 90:36–37
13. Foken T (2025) Climate change in the Fichtel Mountains – an example low mountain range in Germany. Meteorol Z:in print

14. VDI (2024) Umweltmeteorologie; Klimaindikatoren (Environmental Meteorology; Climate indicators), VDI 3787 Blatt 7 (Entwurf). Beuth, Berlin
15. Budde M (2021) Crowdsourcing. In: Foken T (Hrsg) Springer Handbook of Atmospheric Measurements. Springer Nature, Cham, S 1201–1233. https://doi.org/10.1007/978-3-030-52171-4_44
16. Foken T, Bechtel B, Budde M, Fenner D, Knechtel R, Meier F (2022) Crowdsourcing als Möglichkeit zur Gewinnung atmosphärischer Messdaten. Gefahrstoffe – Reinhaltung der Luft 82(07–08):209–219
17. Winklmayr C, Muthers S, Niemann H, Mücke HG (2022) Hitzebedingte Mortalität in Deutschland zwischen 1992 und 2021. Dtsch Ärztebl 119(26):451–457. https://doi.org/10.3238/arztebl.m202.0202
18. Huber V, Breitner-Busch S, He C, Matthies-Wiesler F, Peters A, Schneider A (2024) Hitzeassoziierte Mortalität im Extremsommer 2022. Dtsch Ärztebl Internatl 121(3):79–85. https://doi.org/10.3238/arztebl.m2023.0254
19. VDI (2022) Umweltmeteorologie: Methoden zur human-biometeorologischen Bewertung der thermischen Komponente des Klimas (Environmental meteorology – methods for human-biometeorological evaluation of the thermal component of the climate), VDI 3787, Blatt 2. Beuth, Berlin
20. Bröde P, Blazejczyk K, Fiala D, Havenith G, Holmér I, Jendritzky G, Kuklane K, Kampmann B (2013) The Universal Thermal Climate Index UTCI compared to ergonomics standards for assessing the thermal environment. Ind Health 51(1):16–24. https://doi.org/10.2486/indhealth.2012-0098
21. Zohner CM, Mo L, Renner SS, Svenning J-C, Vitasse Y, Benito BM, Ordonez A, Baumgarten F, Bastin J-F, Sebald V, Reich PB, Liang J, Nabuurs G-J, de-Miguel S, Alberti G, Antón-Fernández C, Balazy R, Brändli U-B, Chen HYH, Chisholm C, Cienciala E, Dayanandan S, Fayle TM, Frizzera L, Gianelle D, Jagodzinski AM, Jaroszewicz B, Jucker T, Kepfer-Rojas S, Khan ML, Kim HS, Korjus H, Johannsen VK, Laarmann D, Lang M, Zawila-Niedzwiecki T, Niklaus PA, Paquette A, Pretzsch H, Saikia P, Schall P, Šebeň V, Svoboda M, Tikhonova E, Viana H, Zhang C, Zhao X, Crowther TW (2020) Late-spring frost risk between 1959 and 2017 decreased in North America but increased in Europe and Asia. Proc Natl Acad Sci 117 (22):12192. https://doi.org/10.1073/pnas.1920816117
22. Beierkuhnlein C, Foken T (2008) Klimaanpassung Bayern 2020. Bayerisches Landesamt für Umwelt, München
23. Foken T (2003) Lufthygienisch-Bioklimatische Kennzeichnung des oberen Egertales. Bayreuther Forum Ökol 100:69+XLVIII

24. Richter D (1995) Ergebnisse methodischer Untersuchungen zur Korrektur des systematischen Meßfehlers des Hellmann-Niederschlagsmessers. Ber d Dt Wetterd 194:93

25. Foken T (2021) Bamberg im Klimawandel. E. Weiß Verlag, Bamberg. https://doi.org/10.15495/EPub_UBT_00007908

26. Mann ME, Rahmstorf S, Kornhuber K, Steinman BA, Miller SK, Coumou D (2017) Influence of anthropogenic climate change on planetary wave resonance and extreme weather events. Sci Rep 7(1):45242. https://doi.org/10.1038/srep45242

27. Köppen W (1936) Das geographische System der Klimate. In: Köppen W, Geiger R (Hrsg) Handbuch der Klimatologie, Bd I, Teil C. Gebrüder Borntraeger, Berlin, S C1–C44

28. de Martonne E (1926) Une nouvelle fonction climatologique: l'indice d'aridité. La Météorol 2:449–458

29. Döhring S, Döhring J, Borg H, Böttcher F (2011) Vergleich von Trockenheitsindizes zur Nutzung in der Landwirtschaft unter den klimatischen Bedingungen Mitteldeutschlands. Hercynia N F 44:145–168

30. Lüers J, Foken T (2024) Das Klima des Bayreuther Raumes – im Wandel. In: Bolze A, Lauerer M, Horbach H-D et al. (Hrsg) Flora von Bayreuth und Umgebung. Selbstverlag Naturwissenschaftliche Gesellschaft Bayreuth, Bayreuth, S 10–15

31. Walther C, Reusswig F, Thiel S, Pfalzgraf A, Knorr A, Kenneweg H, Weyer G, Keller J, Lass W (2020) Klimaanpassungskonzept für Stadt und Landkreis Bamberg. Potsdam, Berlin

32. Ionita M, Nagavciuc V, Kumar R, Rakovec O (2020) On the curious case of the recent decade, mid-spring precipitation deficit in central Europe. npj Climate and Atmospheric. Science 3(1):49. https://doi.org/10.1038/s41612-020-00153-8

33. Foken T, Huwe B, Einfalt T (2021) Der Boden – die unterschätzte Randbedingung bei der Ausbreitungsmodellierung. Gefahrstoffe – Reinhaltung der Luft 81(7–8):283–288

34. Foken T, Huwe B, Arneth A (2021) Die Energie- und Wasserhaushalt von Böden und ihre klimatische Bedeutung. In: Lozán JL, Breckle S-W, Graßl H, Kasang D (Hrsg) Warnsignal Klima: Boden & Landnutzung. Wissenschaftliche Auswertungen, Hamburg, S 26–34. https://doi.org/10.25592/warnsignal.klima.boden-landnutzung.03

35. Herbst M, Mund M, Tamrakar R, Knohl A (2015) Differences in carbon uptake and water use between a managed and an unmanaged beech forest in central Germany. For Ecol Managem 355:101–108. https://doi.org/10.1016/j.foreco.2015.05.034
36. Hofstätter M, Chimani B (2012) Van Bebber's cyclone tracks at 700 hPa in the Eastern Alps for 1961–2002 and their comparison to Circulation Type Classifications. Meteorol Z 21:459–473. https://doi.org/10.1127/0941-2948/2012/0473
37. Kaspar F, Deutschländer T, Junghänel T, Lengfeld K, Palarz A, Rauthe M, Walawender E, Winterrath T, Ziese M (2024) Warnsignal Klima: Entwicklung der Starkniederschläge. In: Lozán J, Graßl H, Kasang D, Quante M, Sillmann J (Hrsg) Warnsignal Klima: Herausforderung Wetterextreme – Ursachen, Auswirkungen & Handlungsoptionen. Wissenschaftliche Auswertungen, Hamburg, S 91–97. https://doi.org/10.25592/uhhfdm.16346
38. Zeder J, Fischer EM (2020) Observed extreme precipitation trends and scaling in Central Europe. Weather Climate Extremes 29:100266. https://doi.org/10.1016/j.wace.2020.100266
39. Rädler AT, Groenemeijer PH, Faust E, Sausen R, Púčik T (2019) Frequency of severe thunderstorms across Europe expected to increase in the 21st century due to rising instability. npj Climate and Atmospheric. Science 2(1):30. https://doi.org/10.1038/s41612-019-0083-7
40. Lengfeld K, Walawender E, Winterrath T, Becker A (2021) CatRaRE: a catalogue of radar-based heavy rainfall events in Germany derived from 20 years of data. Meteorol Z 30:469–487. https://doi.org/10.1127/metz/2021/1088
41. Schneider C, Schönbein J (2006) Klimatologische Analyse der Schneesicherheit und Beschneibarkeit von Wintersportgebieten in deutschen Mittelgebirgen. Schriftreihe Natursport und Ökologie Deutsche Sporthochschule Köln, Köln, S 28
42. Foken T, Lüers J (2021) Gibt es noch ein „Bayerisch Sibirien". Siebenstern 90(4):29–32
43. Luthe T, Roth R, Elsasser H (2008) Vulnerability to global change and sustainable adaptation of ski tourism – an outlook on the study SkiSustain. In: Borsdorf A, Stötter J, Veulliet E (Hrsg) Managing alpine future. Verlag der Österreichischen Akademie der Wissenschaften, Wien, S 103–117
44. Wölfle F, Schnorbus L, Klein A, Wittmann-Wurzer A, Neumann P, Iz O-K (2018) Wintertourismus in deutschen Mittelgebirgen und Mittelgebirgslagen im Kontext des Klimawandels. Z Tourismuswiss 10(2):303–317. https://doi.org/10.1515/tw-2018-0018

45. Kittler F, Lüers J, Nauß T, Foken T (2011) Möglichkeiten der künstlichen Beschneiung im gegenwärtigen und zukünftigen Klima im Fichtelgebirge. Der Siebenstern 80:240–243
46. Steiger R, Scott D, Abegg B, Pons M, Aall C (2019) A critical review of climate change risk for ski tourism. Curr Issues Tourism 22(11):1343–1379. https://doi.org/10.1080/13683500.2017.1410110
47. Meier GD (2025) Schneelose Winter – (k)ein Alptraum. ECHT Oberfrank 74:44–45
48. Behrens K (2021) Radiation sensors. In: Foken T (Hrsg) Springer Handbook of atmospheric measurements. Springer, Cham, S 279–357. https://doi.org/10.1007/978-3-030-52171-4_11
49. Lüers J, Grasse B, Wrzesinsky T, Foken T (2017) Climate, air pollutants, and wet deposition. In: Foken T (Hrsg) Energy and matter fluxes of a spruce forest ecosystem, ecological studies, Bd 229. Springer, Cham, S 41–72. https://doi.org/10.1007/978-3-319-49389-3_3
50. Chmielewski F, Heider S, Moryson S, Bruns E (2013) International phenological observation networks – concept of IPG and GPM. In: Schwartz MD (Hrsg) Phenology: an integrative environmental science, 2. Aufl. Springer, Dordrecht, S 137–153
51. Foken T, Lüers J, Aas G, Lauerer M (2016) Unser Klima – Im Garten, im Wandel. Ökologisch-Botanischer Garten der Universität Bayreuth, Bayreuth
52. Huglin P (1978) Nouveau mode d'évaluation des possibilités héliothermiques d'un milieu viticole. Comptes Rendus de l'Académie d'Agriculture de France 64:1117–1126

7

Was erwartet uns noch durch den Klimawandel?

Die Möglichkeit, mithilfe von Klimamodellen in die Zukunft zu sehen, ist eine großartige Leistung der internationalen Wissenschaft seit den 1960er-Jahren. Waren Klimamodelle ursprünglich nur Atmosphärenmodelle, so sind heute neben der Atmosphäre auch die Biosphäre (belebte Welt), Pedosphäre (Boden), Hydrosphäre (Meere, Seen, Flüsse) und Kryosphäre (Eis, Gletscher, Permafrost) in die Modelle einbezogen. Es wird also nicht nur der Effekt der Treibhausgase auf die globale mittlere Lufttemperatur der Erde modelliert, der durch empirische Beziehungen sogar schon seit mehr als 100 Jahren bekannt ist, sondern es werden alle Wechselwirkungen und Rückkopplungen zwischen den Geosphären und auch Faktoren der Astronomie und vor allem der Menschheitsentwicklung und der Ökonomie berücksichtigt. Mit diesen Modellen lässt sich eindeutig nachweisen, dass die eingetretenen, sich auswirkenden und zukünftigen Klimaänderungen nur durch die Handlungen des Menschen, wie die Verbrennung fossiler Rohstoffe, die Vernichtung von Ökosystemen und Biodiversität auf Land und Ozean, die Liste lässt sich beliebig fortsetzen, zu erklären sind. Durch die derzeit wirkenden natürlichen Klimaänderungen, die nicht durch den Menschen direkt oder in-

T. Foken, J. Lüers, *Oberfranken im Klimawandel,*
https://doi.org/10.1007/978-3-662-71651-9_7

direkt verursacht werden, würde sich die Erdmitteltemperatur in nur kaum sichtbaren Schwankungen ändern.

Derartige Modelle gestatten es heute, Aussagen für einzelne Regionen der Erde zu machen. Das geht zwar noch nicht für ganz bestimmte Orte, doch größere Gebiete wie Nord- und Südbayern lassen sich gut trennen. Innerhalb einer Region können dann auf der Grundlage der vorhandenen Topografie und Landnutzung die Aussagen angepasst und verfeinert werden. Die erste derartige Modellierung wurde schon 2008 für Bayern durchgeführt und die zunehmende Trockenheit vorwiegend in Nord- und Ostbayern wurde zuverlässig prognostiziert [1], neuerdings verfeinert durch Interpolation inkl. „Maschinellem Lernen" und KI [2, 3].

7.1   Grundlagen der Klimamodellierung

Viel schwieriger ist der Blick in die weitere Zukunft. Die Corona-Pandemie 2020 bis 2023 hat gezeigt, dass relativ kurzfristig die Treibhausgasemissionen für wenige Monate um etwa 20 % gesenkt wurden, danach aber erneut rasant anstiegen und weiterhin ungebrochen ansteigen. Das konnte keiner längerfristig vorhersagen. Ähnlich sieht es mit Faktoren des Bevölkerungswachstums, der weiteren Nutzung fossiler Brennstoffe, der Vernichtung insbesondere von tropischen Regenwäldern oder der Flächenversiegelung aus. Um dem zu begegnen, rechnen Klimamodelle mit Vorgaben einer möglichen durch anthropogene Maßnahmen verursachten Erwärmung durch die zusätzliche der Erdoberfläche zugeführte Strahlungsenergie. Da sich dieser Zusammenhang in Treibhausgaskonzentrationen und damit mögliche Erdmitteltemperaturen umrechnen lässt, werden sie von der internationalen Wissenschaft als *Repräsentative Konzentrationspfade* (engl.: *Representative Concentration Pathways*, RCPs) bezeichnet [4]. Die Ziffern geben die zusätzliche Strahlungsenergie bzw. den Strahlungsantrieb an der Erdoberfläche im Jahr 2100 an, die mit Treibhausgaskonzentrationen in der Erdatmosphäre verbunden sind (Tab. 7.1). Das Szenarium RCP 1.9 und RCP 2.6 würden etwa dem 1,5- bzw. 2,0-°C-Ziel des Pariser Klimaabkommens entsprechen. RCP 4.5 ist mit einer Verdopplung der Treibhausgaskonzentration (CO_2, CH_4, N_2O etc.) in der Atmosphäre verbunden und

Tab. 7.1 Einteilung der Repräsentativen Konzentrationspfade [4], beim CO_2-Äquivalent sind die Treibhauspotenziale aller Treibhausgase (THG) bezogen auf die Wirkung von CO_2 umgerechnet, d. h., die eigentliche CO_2-Konzentration ist geringer als die angegebenen Werte, ppm: Moleküle THG pro 1 Mio. Luftmoleküle

Bezeichnung	Zusätzliche Strahlungsenergie, Strahlungsantrieb	Konzentration aller THG inkl. CO_2 und CH_4 (Äquivalent) in der Atmosphäre (aktueller Wert 2023: 534 ppm)
RCP 1.9		Bereits realisiert 1,5 °C Begrenzung
RCP 2.6	Maximal 3,0 W m^{-2}, vor 2100 jedoch noch Rückgang	Maximum 490 ppm, vor 2100 jedoch noch Rückgang
RCP 4.5	4,5 W m^{-2}, Stabilisierung auf diesem Wert nach 2100	650 ppm, Stabilisierung auf diesem Wert nach 2100
RCP 6.0	6,0 W m^{-2}, Stabilisierung auf diesem Wert nach 2100	850 ppm, Stabilisierung auf diesem Wert nach 2100
RCP 8.5	Größer 8,5 W m^{-2} im Jahr 2100	Größer 1370 ppm im Jahr 2100

entspricht etwas mehr als einer globalen 2-Grad-Erderwärmung etwa den Verpflichtungen der Klimakonferenz von Glasgow 2020 entsprechend.

Um diese repräsentativen Konzentrationspfade in Prognosen für die Erdmitteltemperatur zu übertragen, sind noch sozioökonomische Grundlagen nötig, die sogenannten *Gemeinsam genutzten sozioökonomischen Pfade* (engl.: *Shared Socioeconomic* Pathways, SSPs), Tab. 7.2 [5]. Die Pfade SSP1 und SSP5 gehen von einer Stabilisierung der Erdbevölkerung auf etwa 7 Mrd. Menschen auf der Erde nach 2100 aus, wobei SSP1 auf Nachhaltigkeit beruht, während SSP5 nicht ressourcenschonend ist. Allerdings sind diese Szenarien bei 8,2 Mrd. Menschen im Jahr 2024 bereits überholt.

Die Pfade SSP2 und SSP4 gehen von einer Stabilisierung bei etwa 9 Mrd. Menschen nach 2100 aus, wobei SSP2 auf technologische Fortschritte und eine Angleichung der Lebensverhältnisse setzt, während SSP4 von einer regional ungleichen Entwicklung ausgeht. Bei SSP3 werden im Jahr 2100 etwa 13 Mrd. Menschen bei weiter bestehender Ungleichheit angenommen. Es wäre als Bestes anzunehmen, dass das Pariser Klimaabkommen an der Obergrenze der zulässigen Erwärmung bei etwa

Tab. 7.2 Einteilung der Gemeinsam Genutzten Sozioökonomischen Pfade [5]

Bezeichnung	Erdbevölkerung (aktuell 2024: 8,2 Mrd.)	Entwicklung
SSP1	Stabilisierung der Erdbevölkerung nach 2100 bei 7 Mrd.	Nachhaltige Entwicklung
SSP2	Stabilisierung der Erdbevölkerung nach 2100 bei 9 Mrd.	Technischer Fortschritt, Angleichung der Lebensverhältnisse
SSP3	Erdbevölkerung im Jahr 2100 etwa 13 Mrd.	Ungleiche Entwicklung
SSP4	Stabilisierung der Erdbevölkerung nach 2100 bei 9 Mrd.	Regional ungleiche Entwicklung
SSP5	Stabilisierung der Erdbevölkerung nach 2100 bei 7 Mrd.	Nicht ressourcenschonend

2 °C bei einem Szenarium SSP2 erfüllt werden könnte. Aber dieses Ziel wird durch politische und gesellschaftliche Umbrüche seit Beginn der 2020er-Jahre mehr und mehr unrealistisch. Die Einhaltung der Szenarien RCP 2.6 in Kombination von SSP1 ist bereits obsolet, der Strahlungsantrieb liegt 2025 bei 3,5 W m^{-2} und die kombinierten Treibhausgaswerte betragen über 530 ppm. Es ist wohl wahrscheinlich, dass eher Wege jenseits von RCP 4.5 in Kombination mit SSP2 oder sogar nur SSP4 von der Weltgemeinschaft gegangen werden. Bei ihrer Klimaanpassung geht man beispielsweise in Stadt und Landkreis Bamberg von einer Entwicklung aus, die zwischen RCP 4.5 und RCP 8.5 liegt [6].

Die Kombination aus RCP- und SSP-Szenarien [7], wie sie in Tab. 7.3 angegeben sind, werden für die Modellierung des zukünftigen Klimas zugrunde gelegt [8]. Die anschließende Tab. 7.4 ergänzt die Entwicklung der globalen mittleren Lufttemperatur bis zum Jahr 2050 auf der Grundlage der Kombinationen. Allen Modellierungen liegt zugrunde, dass sich Kohlenstoffdioxid und die anderen Treibhausgase in der Atmosphäre akkumulieren und nur langsam abbauen. Folglich besteht ein klarer Zusammenhang zwischen den Treibhausgasemissionen (überwiegend CO_2) und dem Temperaturanstieg. Da einige Prozesse, wie die arktische Erwärmung und das Tauen von Gletschern, stärker vorangeschritten sind als

Tab. 7.3 Kombinierte RCP- und SSP-Szenarien als Grundlage für die Modellierung der zukünftigen Klimaentwicklung [7]

Bezeichnung	Strahlungsenergie	Entwicklung/Erdbevölkerung
SSP1-1.9	1,9 W m^{-2}	Nachhaltige Entwicklung, maximal 7 Mrd. Erdbevölkerung
SSP1-2.6	2,6 W m^{-2}	Nachhaltige Entwicklung, maximal 7 Mrd. Erdbevölkerung
SSP2-4.5	4,5 W m^{-2}	Technischer Fortschritt, maximal 9 Mrd. Erdbevölkerung
SSP3-7.0	7,0 W m^{-2}	Ungleiche Entwicklung, 2100 etwa 13 Mrd. Erdbevölkerung
SSP5-8.5	8,5 W m^{-2}	Nicht ressourcenschonend, maximal 7 Mrd. Erdbevölkerung

Tab. 7.4 Entwicklung der Zunahme der mittleren Lufttemperaturen nach den kombinierten RCP- und SSP-Szenarien bis 2100 gegenüber dem vorindustriellem Niveau [8]. Die zu erwartenden Temperaturzunahmen an anderen Orten in Oberfranken ergeben sich aus den in Abb. 5.2 gezeigten Differenzen

Bezeichnung	Zunahme der globalen Mitteltemperatur 2041–2060 [8]	Zunahme der Mitteltemperatur in Bamberg um 2050	Zunahme der globalen Mitteltemperatur 2081–2100 [8]
SSP1-1.9	1,2–2,0 °C	ca. 2,8 °C	1,0–1,8 °C
SSP1-2.6	1,3–2,2 °C	ca. 3,6 °C	1,3–2,4 °C
SSP2-4.5	1,6–2,5 °C	ca. 4,5 °C	2,1–3,5 °C
SSP3-7.0	1,7–2,6 °C	ca. 5,8 °C	2,8–4,6 °C
SSP5-8.5	1,9–3,0 °C		3,3–5,7 °C

ursprünglich erwartet, sollte die Erwärmung nach diesen Szenarien eher an der oberen Grenze der in Tab. 7.4 angegebenen Streuung angenommen werden [9]. Die dort angegebenen Werte beziehen sich allerdings auf die weltweit gemittelten Erhöhungen für alle Land- und Wasserflächen. Wie bereits gezeigt, haben sich die Temperaturen in Oberfranken bislang doppelt so stark und in der Arktis sogar vierfach so stark erhöht wie der globale Trend. Selbst beim Einhalten des Pariser 1,5-°C-Ziels heißt das für Bamberg immerhin 3 °C und beim 2-°C-Ziel zwischen 4 °C und 5 °C (Tab. 7.4). Unsere gegenwärtige Entwicklung verläuft jedoch eindeutig nach den Szenarien SSP3-7.0 und SSP5-8.5 je nachdem, ob es mit weniger einschneidenden Maßnahmen gelingt, bis 2100 den Treibhausgasgehalt der Erdatmosphäre auf der dreifachen Menge der vorindustriellen Zeit ab 2100 zu stabilisieren oder ob die Erderwärmung weitgehend ungebremst auch nach 2100 weitergeht. Beides wäre jedoch keinesfalls erstrebenswert. Es ist offensichtlich, dass der Übergang zu einem 1,5- oder 2-°C-Ziel zu einschneidenden Veränderungen führen muss [10]. Und es gilt zu beachten, dass die bereits eingetretene Klimaveränderung und die Auswirkung der bereits verursachten, zeitverzögerten Folgen sowie das Überschreiten der globalen Kipppunkte im sehr komplexen Erdsystem irreversibel sind.

Die Szenarien lassen sich eindeutig mit noch möglichen Treibhausgasemissionen vom Jahr 2020 bis zum Jahr 2050 verbinden und betragen für das 1,5-°C-Ziel noch 300 bis 350 $GtCO_2$ und für das 2-°C-Ziel noch 700 bis 850 $GtCO_2$ [8]. Allein in den Jahren 2021 bis 2023 betrug die weltweite Emission 110 $GtCO_2$, sodass das Limit deutlich geschrumpft ist (Stand Mitte 2025 für 1,5-°C-Ziel: 175 $GtCO_2$).

7.2   Entwicklung in Oberfranken

Wie in den vorigen Abschnitten gezeigt, besagt der Fakt der Erderwärmung nur indirekt eine mögliche Gefahr, schließlich könnte ja auch bei wärmeren Temperaturen ein gutes Leben möglich sein. Vielmehr müssen wir uns ansehen, ob kritische großskalige Schwellen überschritten werden, bei deren Überschreiten das Erdklimasystem abrupt und unumkehrbar in einen neuen Zustand übergeht und die Biosphäre der Erde unumkehrbar geschädigt wird (Kipppunkte oder Kippelemente) (engl.: Tipping Elements) [11].

Für Oberfranken hat dieses Buch aufgezeigt, wie sich die globalen, im Fluss befindlichen Änderungen des ganzen Erdsystems auf unsere Region ausgewirkt und auswirken werden. Identifiziert wurden als Beispiele die Abnahme der Schneedecke und eine mangelnde Schneesicherheit für den Wintersport in den fränkischen Mittelgebirgen, das Auftreten von sehr heißen Tagen mit Tagesmaxima der Lufttemperatur über 35 °C oder, positiv gedacht, die nicht mehr vorhandene Einschränkung fränkischer Winzer nur auf den Anbau von Weißweinen. In Abb. 7.1 werden in Analogie zu globalen Kipppunkten [12] lokale Kipppunkte definiert.

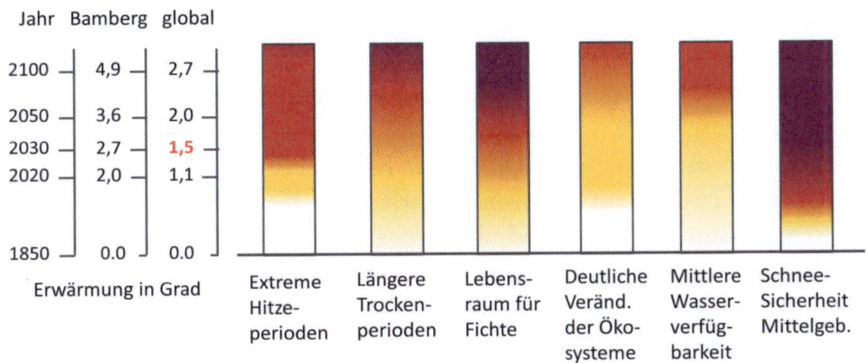

Abb. 7.1 Lokale Kipppunkte durch den Klimawandel in Oberfranken auf der Grundlage eines Entwicklungspfades von etwa RCP 4.5 mit Angabe des global mittleren Trendwerts der Lufttemperatur, der entsprechenden Trendwerte der Lufttemperatur in Bamberg und dem Eintrittsjahr in Anlehnung an [12]. Die Farbgebung bedeutet: Weiß: unbedenklich; Gelb: beherrschbare Einflüsse und Risiken; Rot: signifikante Einflüsse und Risiken; Violett: Erhebliche und teilweise irreversible Einflüsse und Risiken, aus [36]

Daraus ergibt sich, dass schon gegenwärtig im Fichtelgebirge die Schneesicherheit für eine Wintersportregion nicht mehr gegeben ist. Die Fichte wird in den nächsten 30 bis 50 Jahren zunehmend aus unserer Region verschwinden und extreme Hitzeperioden werden zu einem bedrohlichen Risiko. Ab Mitte des 21. Jahrhunderts werden Trockenheit und Wasserverfügbarkeit zunehmend kritisch. Zum Ende des 21. Jahrhunderts wird es in allen Bereichen grundlegende, irreparable Veränderungen für unsere Landschaft, in den Ökosystemen und für das Leben der Menschen geben.

Viel drastischer ist es, wenn für die teils sehr speziellen, aber für die Biodiversität und planetare Gesundheit (engl.: Planetary Health; Fakt, dass menschliche Gesundheit mit der „Gesundheit" des Planeten verbunden ist) wichtigen Ökosysteme der Erde die physikalischen, chemischen und biologischen Voraussetzungen durch die Aktivität der Menschheit wegbrechen. Am Anfang des Buches wurde auf *Alexander von Humboldt* und sein „Naturgemälde" verwiesen [13]. Es zeigt für die Anden je nach Höhenstufe unterschiedliche Pflanzengemeinschaften. Ähnliche Darstellungen gibt es auch für andere Gebirge [14]. Wir wissen also schon seit 200 Jahren recht exakt, dass Veränderungen der Land- und Ozean-temperaturen und der Verteilung der Niederschläge mit einem gravierenden Stress und Selektionsdruck der Erdökosysteme verbunden sind, die, wie die Erdgeschichte zeigt, zur Zerstörung und weltweitem Artensterben führen kann. Auch die Aufstellung der Klimaklassifikation [15] hat sich an der Verbreitung von Pflanzen orientiert. In der Klimatologie sind die typischen Kenngrößen die Jahresmitteltemperatur und die Summe des Jahresniederschlages sowie deren Monatsmittel. Diese Angaben bearbeitete *Leslie Rensselaer Holdridge* (1907–1999) zusammen mit dem Verhältnis aus potenzieller Verdunstung (Wassermenge, die mit der zur Verfügung stehenden Energie maximal verdunstet werden kann) zur Niederschlagssumme zu einem sehr schematischen System der Ausbreitung von Ökosystemen [16, 17].

Eine weniger schematische Version ist in Abb. 7.2 dargestellt, in der die Werte für die Klimaperiod 1881–1910 und die Jahre 2023 und 2050 markiert wurden. Für die übrigen Regionen in Oberfranken wird es noch einige Jahre dauern, bis sie wie Bamberg in die kritische Zone kommen. Es ist klar ersichtlich, dass sich in den mehr als 140 Jahren mit zuverlässigen Messungen in Bamberg das Klima von ursprünglich begünstigten typischen Wäldern in Richtung Buschlandschaft bewegt hat. Wir haben somit einen Kipppunkt zwischen den klassischen Mischwäldern zu Wäldern, die eher Trockenheit aushalten, erreicht.

Ob das Absterben von großen Bäumen schon ein Anzeichen ist, gilt es noch zu untersuchen. Offensichtlich ist die in den 2010er- und 2020er-Jahren aufgetretene zu geringe Wasserverfügbarkeit in tiefen Bodenschichten ein ausschlaggebende Grund. Die Grenze zwischen beiden Typen der Waldökosysteme fällt mit dem Verhältnis aus potenzieller Verdunstung und Niederschlag zusammen. Das ist die Grenze zwischen humiden und ariden Klimaten. Während früher nicht genügend Energie vorhanden war, um den gesamten Niederschlag zu verdunsten, ist diese durch die Erderwärmung nun vorhanden. Es müssen somit die Pflanzen zunehmend mit weniger verfügbarem Wasser auskommen, da ein immer größerer Anteil des Niederschlages verdunstet, bevor er den Pflanzen oder zur Grundwasserneubildung zur Verfügung steht. Eine weitere Schwelle ist der Wert von 500 mm Jahresniederschlag. Wenn diese Menge unterschritten wird, werden selbst trockene Wälder und Buschland zu-

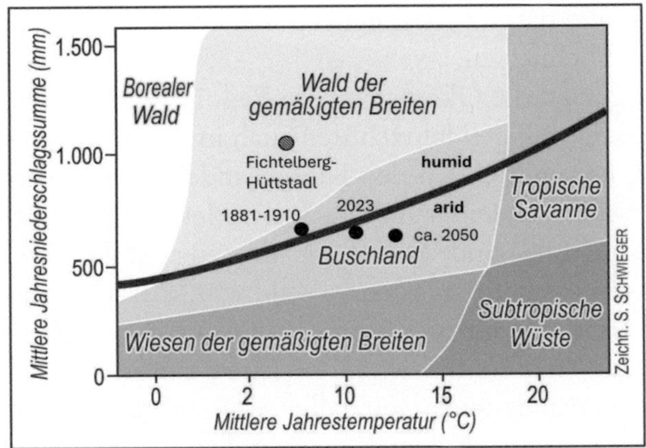

Abb. 7.2 Verteilung der Ökosysteme in Abhängigkeit von der mittleren Jahressumme des Niederschlags und der mittleren Jahrestemperatur der Luft. Die Einteilung der Ökosysteme wurde [18] entnommen und die Grenze zwischen humidem und aridem Klima entspricht dem klassischen Modell nach Budyko [19]. Angegeben ist die Zuordnung von Bamberg zu Ökosystemen in der vorindustriellen Zeit (1881–1910), gegenwärtig (2023) und Mitte des Jahrhunderts (2050). Eingetragen ist weiterhin der aktuelle Wert für Fichtelberg-Hüttstadl. (Zeichnung: Schwieger, Universität Bamberg)

nehmend durch Grassteppen ersetzt. Die Summe der Jahresniederschläge hat zwar in den letzten Jahren etwas abgenommen, der Trend ist aber derzeit nicht gesichert.

In Bamberg gab es seit 1879 insgesamt nur 13 Jahre mit Niederschlagssummen unter 500 mm und in diesen Jahren waren die Niederschläge übers Jahr unerwartet gut verteilt. Möglicherweise kommt aber der zunehmenden Frühjahrstrockenheit eine besondere Bedeutung zu. Allerdings wird sich, wie im Abschn. 6.4 erklärt, in Oberfranken garantiert kein subtropisches Klima einstellen können, denn die Gefahr von Frostperioden bleibt erhalten. Palmen, Bananen oder Orangen in unseren Städten bleiben ein Wunschtraum, es sei denn, sie werden in großen Kübeln gepflanzt und über das Winterhalbjahr in Gewächshäuser gebracht. Nur für die Ökosysteme in den Hochlagen Oberfrankens bestehen gemäß Abb. 7.2 noch keine Gefahren, wenn man nur die mittlere Lufttemperatur und die mittlere Niederschlagssumme betrachtet. Allerdings setzen längere Trockenperioden, Unwetter, höhere Temperaturen,

Schneearmut und damit verbundener Schädlingsbefall den Ökosystemen schon länger erheblich zu.

Denn wie gesagt, die Ökosysteme im Regnitz-Main-Tal und mit einer Verzögerung von wenigen Jahrzehnten auch im Steigerwald und im Fränkischen Jura, kommen durch den Klimawandel in eine existenziell kritische Phase. Schutz bedeutet hier auch die Herausnahme der Forste aus der Bewirtschaftung und Schaffung robuster Waldökosysteme. Der Übergang zu einem naturbelassenen Wald würde dazu beitragen, Bodensubstanz und Humus aufzubauen und damit einen effektiven Kohlenstoffspeicher zu schaffen. Mit einem gezielten Umbau der Forste in Wald müssen die Voraussetzungen geschaffen werden, dass der Wald auch in den nächsten 100 Jahren dem Klimawandel standhält. Um die lokalklimatische Komponente zu stärken, sind möglichst größere geschlossene Waldgebiete notwendig, die die nötigen Mengen Kaltluft in der Nacht generieren, wobei großflächig geschlossene Baumkronen zusätzlich verdunstungsmindernd wirken.

Neben den Wäldern haben die Erhaltung, die Reaktivierung oder die Neuschaffung von artenreichen Kohlenstoff und Wasser bindenden Ökosystemen in unserer teils Jahrtausend alten ländlichen Kulturlandschaft und in den städtischen Park- und Grünflächen in Oberfranken eine wichtige Rolle. Nicht nur in primärer Funktion als biodiverser Lebensraum, sondern auch hinsichtlich Klimaschutz und Klimaanpassung. Die kulturell geprägten Ökosysteme (Stadt und Land) müssen in ihrer Bewirtschaftungsweise auf die kommenden Herausforderungen der klimatischen Änderung selbst angepasst werden. Die Vernetzung durch Erhalt und Ausbau dieser Lebensräume ist ein sehr effektiver, lokal relevanter direkter Beitrag zum Klimaschutz, zur Klimaanpassung, Risikoresilienz und nachhaltiger Land- und Forstwirtschaft und Ernährung mit dem Ziel der nachhaltigen Sicherung der ökologischen Funktion und robuster Stoffkreisläufe (Wasser, Kohlenstoff, Stickstoff).

Während die Landwirtinnen und -wirte unter diesen Gesichtspunkten die Fruchtarten und die Fruchtfolge ändern können, die Winzerinnen und Winzer sich vom fränkischen Müller-Thurgau verabschieden werden und zu trocken- und frostresistenten Sorten wechseln, wozu ihnen der sogenannte Huglin-Index [20] sichere Anhaltspunkte gibt (siehe Abschn. 6.9), sind die nicht bewirtschaften Landschaften und Ökosysteme sich selbst überlassen. Sie bedürfen, wie gesagt, wegen ihrer hohen Bedeutung und ihrer selbsterhaltenden Funktion zur Sicherstellung lebensnotweniger Ressourcen letztlich für uns Menschen besonderen Schutz. Die lokale Klimawirkung zur Minderung extreme Wetterereignisse in Städten (siehe Abschn. 5.4), eine langfristige Speicherung von Kohlenstoff und Erhaltung der genetischen Vielfalt und Biodiversität sind Gründe genug. Die Wissenschaft kann dabei helfen, eine fundierte und zielgerichtete Anpassung unsere Umwelt zu gestallten. Das ist auch für Oberfranken, die Täler von Regnitz und Main, Steigerwald, Fränkischer Jura, Frankenwald oder Fichtelgebirge relevant. Ein sinnvoller, auf den Klimawandel angepasster Umbau der Forste und Wälder wird mindestens 20 bis 50 Jahre dauern. Für das Stadtgebiet Bayreuths wurde kürzlich festgestellt, dass durch Klimawandel und Flächenversiegelung über 300 Pflanzenarten nicht mehr aufzufinden waren [21]. Dafür sind in ähnlichem Umfang neue Arten zugewandert oder andere konnten größere Areale besiedeln. Das geschieht fast unbemerkt. Wer einen Vorgeschmack bekommen will, wie es in Teilen Oberfrankens bald aussehen könnte, sollte die Kiefernwälder in Brandenburg und die dort im Sommer staubtrockenen Feldern besuchen. Die Zustände von dort sind schon 2022 und 2023 in Oberfranken angekommen.

Wenn die Probleme für Oberfranken und seine Städte und Landschaften in den kommenden Jahren und Jahrzehnten benannt werden sollen, so sind es wohl der Schutz der städtischen Biotope, Grünflächen oder Parks und der ländlichen Biotope in unsere Kulturlandschaft, die Vermeidung der Überhitzung der Stadt in den heißen Sommermonaten oder die Flächenversiegelung auf dem Land. All dies bedingt sich gegenseitig und darf nicht voneinander getrennt werden. Ökologisch funktionsfähige, großflächig vernetzte Biotope, ob in den Städten oder auf dem Land, sorgen für saubere Luft, sauberes Wasser, Minderung extremer Wetterereignisse (Hitze, Kälte, Dürre, Hochwasser) und durch die Biodiversität für unsere Gesundheit.

So erzeugen nicht bebaute Freiflächen, Gewässer, Wiesen, Hecken oder Wälder in der Umgebung einer Stadt für die notwendige Frischluft (ohne Luftschadstoffe), die nur bei korrekter Stadtplanung einen Extremwerte mildernden Luftaustausch ermöglicht, während eine weitere Ausbreitung der Stadt (z. B. durch Gewerbe/Industriegebiete) und bauliche

Verdichtung der Innenstadt diese Effekte zunichtemachen würden. Es müssen Lösungen gesucht werden, wie ohne weitere Versiegelung der Stadt und stadtnaher Gebiete und durch bessere Nutzung des vorhandenen Raumes, durch Straßen-, Platz- und Gebäudebegrünung, Wasserrückhaltung und grün/blaue bzw. bioklimatische Finger die nachteiligen Effekte der Wärmeinsel Stadt reduziert und die Lebensqualität geschützt und erhalten werden können.

Frankfurt am Main hat schon in den 1990er-Jahren einen geschützten Grüngürtel um die Stadt geschaffen und ist dabei, diesen zu erweitern [22]. Dieser Ring hat geholfen, Begehrlichkeiten an Wald- und Wiesenflächen zu reduzieren, die positiven Einflüsse auf das Lokalklima zu erhalten und Möglichkeiten der Naherholung zu schaffen. Bamberg wäre z. B. in der Lage, den tatsächlich vorhandenen Grüngürtel mit nur einer Öffnung nach Norden unter besonderen Schutz zu stellen und entsprechend zu pflegen.

Das Problem der städtischen Wärmeinsel beziehungsweise überhitzter Stadtteile ist bereits 2012 durch den Deutschen Städtetag thematisiert worden [23]. Heute sind gerade die städtischen Wärmeinseln an Tagen mit extrem hohen Lufttemperaturen Ursache für Hitzetote [24], vergleiche Abschn. 5.4, wobei mehr städtisches Grün die Hitzetoden deutlich reduzieren könnte [25]. Es gibt vielfältige Vorschläge, wie die Überhitzung vermindern werden kann. Dies gilt natürlich auch für Bamberg, denn gerade das Regnitz-Tal ist besonders warm, aber zunehmend auch für Bayreuth und andere Städte. Es würde das Buch sprengen, wenn hier alle Vorschläge auflistet werden. Ergänzend zu Abschn. 5.4 sind die wichtigsten eine Begrünung von Gebäuden (Dach und Fassade) und des öffentlichen Raums [26, 27], die Erhöhung des Reflexionsvermögens der Bausubstanz und verminderte Wärmespeicherung durch geeignete Materialien oder Anstriche und das Auffangen von Niederschlagswasser in Zisternen und Speicherbecken als Nutzwasser oder für die Bewässerung, denn Grünflächen ohne ausreichende Bewässerung haben bei Hitze keinen Nutzen. Nicht zu vergessen sind aber auch private Gärten, die häufig zu Parkplätzen und zu Steinwüsten verkommen. Wir sind in Deutschland in der glücklichen Lage, umfangreiche gesetzliche Regelungen zur Verfügung zu haben, nach denen die Klimaanpassung unserer Städte vorgenommen werden sollte. So ist kürzlich erst eine Richtlinie zur Stadtentwicklung im Klimawandel erschienen [28]. Dazu gibt es umfangreiche Forschungsergebnisse, die übereinstimmend schattenspendenden Baumbestand in den Städten als das wirksamste Mittel gegen die Überhitzung angeben, gefolgt von Fassadenbegrünung und im weiten Abstand Dachbegrünungen [29]. Letztere haben aber erhebliche Bedeutung im sogenannten Schwammstadtkonzept, denn sie halten Wasser zurück – aber auch die oberste Wohnung bleibt kühler.

Ein weiteres großes Problem, welches eigentlich überall gegenwärtig ist, aber als solches kaum wahrgenommen wird, ist, dass durch den Klimawandel immer mehr Erdregionen unbewohnbar werden. Sie bieten nicht mehr die Grundlagen für ein angemessenes Leben – entweder durch gesundheitsgefährdende Hitze und Trockenheit wie im Norden Afrikas oder durch Überflutung infolge des Anstieges des Meeresspiegels. Der liegt immerhin schon zwischen 21 cm und 25 cm und bei einem 1,5-°C-Szenarium bis Ende des Jahrhunderts um 50 cm. Die Spannbreite je nach RCP/SSP-Szenario liegt bei bis zu 2 m in 2100. Da diese gefährdeten Erdregionen durch Klimamodellierung klar bestimmt werden können und über die SSP-Pfade die Entwicklung der Menschheit abgeschätzt werden kann, ist es auch möglich anzugeben, für wie viele Menschen die Lebensgrundlage nicht mehr gegeben sein wird und sie umgesiedelt werden müssen. Bis 2100 ist bei einem RCP-2.6-Szenarium mit der Umsiedlung von etwa 10 % bis 15 % der Weltbevölkerung zu rechnen, bei einem RCP-8.5-Szenarium ist es schon ein Drittel der Weltbevölkerung [30]. In der Menschheitsgeschichte sind die Völker immer den optimalen Klimaten hinterhergewandert. Dies lässt sich mit den heute festgelegten Staatsgrenzen nicht mehr realisieren. Dennoch sind klimatisch bevorzugte Gebiete mit Jahresmitteltemperaturen zwischen 10 °C und 15 °C und angemessenen Niederschlägen, zu denen weite Teile Oberfrankens gehören, ungefragt Zielgebiete für Klimaflüchtlinge. Die UN-Klimakonferenz (Weltklimakonferenz, COP29) in Baku trug dem durch Zahlungen von Mitteln für den Klimaschutz an betroffene Länder in gewissen Umfang Rechnung. Gerade die von der Sonne begünstigten Länder könnten für die Energieversorgung der Erde wichtig werden. Umsiedlungen im gewissen Umfang lassen sich dennoch nicht vermeiden und nicht durch Grenzzäune verhindern. Politisch muss das Bewusstsein für diese Notwendigkeit schon heute geschaffen werden, gerade in den

Hauptverursacherländern des Klimawandels, zu denen die europäischen Staaten im großen Umfang gehören.

7.3 Was jeder tun kann

Es gibt viel zu tun, um den heute bis in Detail bekannten Veränderungen durch den Klimawandel zu begegnen oder sich diesen anzupassen. Am effektivsten ist jedoch der Schutz unseres Klimasystems und der Schutz der überlebenswichtigen Biosphäre mit all seinen unglaublichen Ökosystemen, damit die Probleme nicht eskalieren. In diesem Sinne sollte Klimaschutz auch immer mit Klimaanpassung verbunden werden. Beides, Klimaschutz und Klimaanpassung, kann nicht selten mit gleichen Maßnahmen realisiert werden:

- Erhaltung, Reaktivierung und Neuschaffung von artenreichen kohlenstoff- und wasserbindenden Ökosystemen unserer teils Jahrtausende alten ländlichen Kulturlandschaften und städtischen Grünflächen. Nachhaltige Sicherung der ökologischen Funktion inkl. Hoch- und Niedrigwasserschutz, Trinkwasserversorgung und einer robusten Biodiversität (inkl. Erhalt alter Nutztier- und Nutzpflanzenarten). Ziel: Lebens- und Daseinsgrundlagen von Mensch (Nahrung, Wasser, Rohstoffe, Energie) und Natur (Ressourcen, Kreislauf) langfristig aufrechtzuerhalten und biodiverse Landschaftsstrukturen regional funktional zu vernetzen.
- In städtischen, dichtbesiedelten Lebensräumen braucht es eine Umgestaltung zu den Verbesserungen der biometeorologischen Verhältnisse (Reduzierung Gesundheitsrisiken) in Verbindung mit umweltresilienter biologischer Vielfalt der Tier- und Pflanzenwelt in urbanen Belastungsräumen. Nötig: Elemente der blau-grünen Infrastruktur und Frischluftzufuhr durch geeignete Baukörperstrukturen zur Durchlüftung der Stadt. Beides muss durch sogenannte „bioklimatische Finger" verbunden sein. Wassermanagement, Starkregen- und Dürreresilienz sowie eine klimaangepasste Diversifizierung der Stadtökosysteme müssen mit modernen Wohn-, Arbeits- und Mobilitätsformen verknüpft werden. Eine regionale Versorgung

mindert dabei die Abhängigkeit von Importen und spart Emissionen durch den Transport.

- Eine Umsetzung durch Vorrang bei der Berücksichtigung von Biodiversität, Klimaschutz, -anpassung, Biotopvernetzung, Risikoresilienz über die Verankerung als kommunale Pflichtaufgaben in der Landesgesetzgebung. Ermöglicht wird damit eine verbindliche Festlegung der Verantwortlichkeit mit Entscheidungskompetenzen in den Kommunen (Gemeinden, Landkreise und Bezirke) inkl. verstetigter personeller/technischer Ausstattung der Verwaltung auf allen Ebenen. Zur Kontrolle bedarf es ein unabhängiges Umweltmonitoring von der Bauleitplanung zum Regionalplan und Raumordnung.

Ideen sind keine Grenzen gesetzt. Wichtig ist vor allem, dass die Gesamt-CO_2-Bilanz einer Maßnahme über die Durchführung entscheiden muss und nicht nur eine scheinbar innovative Komponente der Maßnahme.

Die Umsetzung geht derzeit viel zu langsam voran und notwendige Maßnahmen können häufig nur mit vielen Kompromissen realisiert werden, weil es schwierig ist, die notwendigen Mehrheiten im Gemeinde- und Stadtrat oder Kreis- und Landtag zu finden. Und dies eingedenk der Tatsache, dass das existenzielle Problem der selbstverursachten Klimakrise spätestens nach dem 1968 gegründeten Club of Rome allgemein bekannt ist [31] und dass wahrscheinlich Anfang der 1990er-Jahre, als die weltweiten Emissionen fast nur die Hälfte der heutigen betrugen, der nach exponentiellen Gesetzen und mit vielen Rückkopplungseffekten dynamisch ablaufende Klimawandel letztmalig noch zu bremsen gewesen wäre.

Um die Jahrtausendwende haben sich beide großen christlichen Kirchen deutlich zum Klimaschutz und damit dem Schutz der Schöpfung bekannt. Erheblichen Anteil hatte dabei der verstorbene Kardinal Karl Lehmann [32]. Diesbezügliche Vorträge gehören inzwischen zu einem festen Bestandteil der kirchlichen Bildungsarbeit.

Die politisch Verantwortlichen in Deutschland und Bayern tun sich im Gegensatz dazu immer noch schwer. Viel zu lange wurden Klima und Klimaschutz in eine parteipolitische ideologisierte Ecke gedrängt und nur *nach* Abwägung aller anderen Interessen beachtet. Politikerinnen und Politiker fast aller Parteien in Deutschland reden heute vom Klimaschutz mit Worten oder von aufwendigen Konzepten, deren Finanzierung und Umsetzung werden jedoch auf die lange Bank geschoben.

Der Weg zu einem effektiven Klimaschutz, um ab Mitte dieses 21. Jahrhunderts den derzeit ungebrochenen Anstieg der Erdmitteltemperatur zu verhindern, ist durch den IPCC, die UN-Klimakonferenzen und das Pariser Klimaabkommen vorgezeichnet. Da vor allem Kohlenstoffdioxid als Treibhausgas sich in der Atmosphäre akkumuliert, lässt sich exakt ausrechnen, wie viel Treibhausgase noch emittiert werden dürften, um bestimmte Ziele zu erreichen (siehe Abschn. 7.1).

Für Deutschland gerechnet (mit 2 % der weltweiten Emissionen, nicht eingerechnet sind Emissionen durch den Import von Waren) waren dies Anfang 2021 nur noch 6 $GtCO_2$ für das 1,5-°C- bzw. 17 $GtCO_2$ für das 2-°C-Ziel. Abb. 7.3 zeigt schematisch Reduktionsszenarien für Deutschland für das 2-°C-Ziel, entweder mit einer schnellen Reduktion beginnend ab 2018 oder einer langsamen Reduktion, wie sie von dem deutschen Klimaschutzgesetz [33] favorisiert und bis 2030 sektorenweise festgeschrieben wurde. Das Klimagesetz verschiebt somit einschneidendere Reduktionen auf die Zeit nach 2030 bis 2050, verschiebt folglich die Last auf die heutige Jugend. Die für das 1,5-°C-Ziel zur Verfügung stehende Menge an Emissionen wäre nach dem Klimagesetz bereits ab 2029 ausgeschöpft. Das Bundesverfassungsgericht hat am 24. März 2021 vorwiegend jugendlichen Klägern Recht gegeben, dass die junge Generation zu stark belastet wird. Das Gesetz musste daraufhin angepasst werden (nahezu schnelle Reduktion in Abb. 7.3). Doch in einer Novelle von 2024 wurde die strenge Sektorenbindung der Reduktionsziele fatalerweise aufgehoben, da der Verkehrs- und Gebäudesektor ihre Ziele nicht erreichen konnten (oder wollten). Dem Klima ist es letztendlich egal, wo die Emissionen eingespart werden, doch sind gerade Verkehrs- und Gebäudesektor die Bereiche, in denen die Reduktion am schwersten zu realisieren ist, um nach dem Klimagesetz 2045 klimaneutral zu sein, sodass besonders dort ambitionierte Maßnahmen notwendig gewesen wären.

Klimapolitik muss sich an diesen Reduktionsszenarien messen lassen, die analog auf Oberfranken und seine Gemeinden übertragen werden müssen. Es kommt also darauf an, die politischen und gesellschaftlichen Entscheidungen auf allen Ebenen so zu gestalten, dass konkrete Emissions-

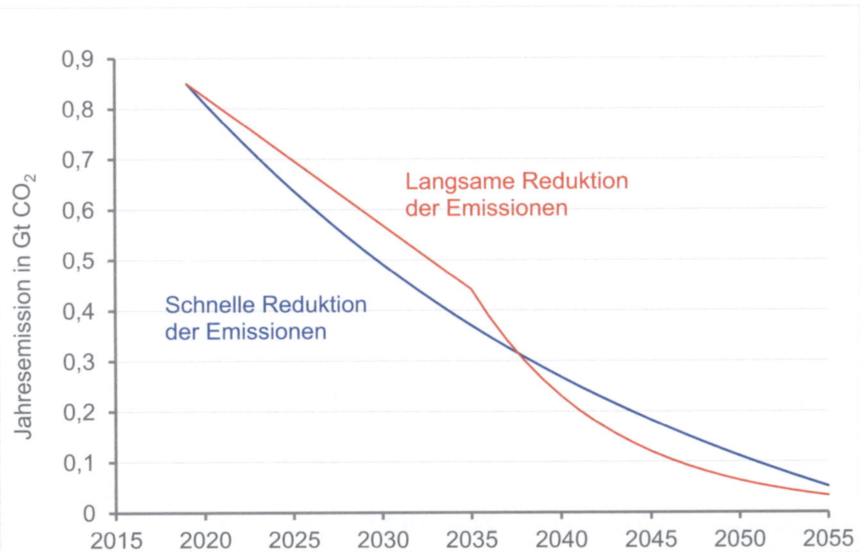

Abb. 7.3 Szenarien der Reduktion der Emissionen für Deutschland. Die langsame Reduktion entspricht etwa dem Bundes-Klimaschutzgesetz [33] bei einer noch möglichen Emission von 14 $GtCO_2$ ab dem Ausgangsjahr 2018, was etwas mehr als 1 % der weltweit noch möglichen Emissionen für das 2-°C-Ziel bedeutet

minderungen erreicht werden und diese nicht nur unverbindlich zugesagt werden. Konkrete Maßnahmen müssen auch konkret und unabhängig überprüft werden. Wenn die Parteien dem Klimaschutz doch noch eigene Schwerpunkte geben wollen, dann sollten diese nicht allein in der Menge der Emissionsreduzierungen liegen. Sinnvoll ist eine Prioritätensetzung, welche der einzelnen Sektoren von Energieversorgung, Mobilität, Landwirtschaft über Heizung/Gebäudesanierungen, Industrie, Abfallwirtschaft bis zu Bauwesen, Landnutzungsänderungen (Flächenversiegelungen) und viele mehr wann und in welchem Umfang beitragen könnten. Das sollte kein unverbindlicher Appell sein, sondern als klare gesetzliche Vorgabe verstetigt werden. Eine Gefahr für die wirksame Umsetzung von Klimaschutz und Klimaanpassung geht vor allem von all denjenigen aus, die die Fakten ignorieren und durch Gewinnstreben und eigenen Egoismus unter dem Deckmantel der individuellen Freiheit Klimaschutz verhindern wollen.

Schon seit 2014 können Kommunen Bilanzen der Treibhausgasemissionen nach dem sogenannten BISKO-Verfahren (Bilanzierungssystematik Kommunal) erstellen. Dieses Verfahren erfasst alle Emissionen im Untersuchungsgebiet, aber keine Emissionen aus der überregionalen Industrie, dem nichtlokalen Verkehr, der Land- und Abfallwirtschaft und aus Landnutzungsänderungen. Bei der Berechnung der Pro-Kopf-Emissionen sind etwa ein Drittel der gesamten Emissionen somit nicht berücksichtig.

Häufig wird auch auf technologische Verfahren hingewiesen, um die Klimaziele zu erreichen. Niemand Vernünftiges, inkl. dem IPCC, schließt clevere, nachhaltige Technologie aus, sofern sie sich global skalierbar wirklich zum Klimaschutz eignet [8]. Doch es besteht die Gefahr, die nicht zweckdienliche, nicht erprobte oder gar utopische, nicht existierende Technik als Alibi zu missbrauchen. Auch lassen sich mit keiner Technologie der Welt oder der Zukunft bereits zerstörte Ökosysteme und eine ausgerottete Tier- und Pflanzenwelt zurückbringen.

Es gibt theoretische Überlegungen in den globalen Strahlungshaushalt der Erde einzugreifen, doch die nicht zu beziffernden Kosten, unbekannte technologische Machbarkeit, mangelnde internationale Zusammenarbeit und große Unsicherheiten und globale Gefahren verbieten die rechtzeitige Umsetzung [34, 35]. Technisch machbar ist das Verpressen von Kohlenstoffdioxid in dichten Erdschichten, eine denkbare Variante für die energieintensive Industrie wie die Zementindustrie, bislang aber noch nicht im großen Maßstab realisiert und ebenfalls mit großen Umweltbedenken verbunden. Bei anderen Vorschlägen, wie den synthetischen Kraftstoffen, ist die Entscheidung eindeutig. Die primäre Nutzung von elektrischer Energie ist immer die physikalisch, logisch und vor allem immer die ökonomisch sinnvollere. Jeder andere von für uns Menschen als Arbeit oder Wärme nutzbare Energieform hat laut den Naturgesetzen der Thermodynamik und den Erkenntnissen nach *Nicolas Léonard Sadi Carnot* (1796–1832) und *Albert Betz* (1885–1968) durch die unvermeidlichen Verluste bei der Umwandlung einer Energieform in eine andere einen schlechteren Wirkungsrad, was immer einen größeren Verlust nutzbarer Energie (Strom, Arbeit, Wärme) an die Umwelt bedeutet.

Was kann die oder der Einzelne tun? Natürlich hängt vieles davon ab, wie sich die generelle politische Richtung jeweils ausrichtet und nicht alles lässt sich individuell entscheiden. Auf jeden Fall ist ein politisches Engagement für jede und jeden wichtig, die sich ohne Vorbehalt für einen effektiven und nachprüfbaren Klimaschutz in Kombination mit Klimaanpassung einsetzen. Jede und jeder selbst kann die kleinen Dinge ändern – angefangen bei energiesparender Beleuchtung und ebensolchen Elektrogeräten bis zu moderner Heizungstechnik wie Wärmepumpen und ggf. energetischen Sanierungen. Im persönlichen Leben ist die Mobilität ein erheblicher Faktor. Der Verzicht auf Fernreisen mit Flugzeug und Auto kann in erheblichem Umfang Emissionen einsparen, solange dafür keine klimaneutrale, recycelbare Technik im Einsatz ist. Der Übergang vom individuellen zum öffentlichen Verkehr ist zumindest auf dem Land mit einem Ausbau des ÖPNV und intelligenten Liniennetzen durchaus umsetzbar. Aber auch der teilweise Verzicht auf Fleisch und Fleischprodukte und der Einkauf regionaler Waren ist klimaschonend. Das Umweltbundesamt stellt einen CO_2-Rechner zur Verfügung (https://uba.co2-rechner.de) mit dem alle ihren CO_2-Fußabdruck feststellen und auch Einsparungsmöglichkeiten analysieren können. Laut Bundesumweltamt betrug 2023 der Pro-Kopf-Fußabdruck 10,3 t CO_2-Äquivalent. Klimaneutralität würde etwa 1 t CO_2-Äquivalent bedeuten.

Wie zu Anfang des Abschnittes gesagt, bleibt es dabei: Wir sind spät dran und es gibt noch vieles mehr zu tun und alles ist machbar!

Literatur

1. Beierkuhnlein C, Foken T (2008) Klimaanpassung Bayern 2020. Bayerisches Landesamt für Umwelt, München
2. Eyring V, Collins WD, Gentine P, Barnes EA, Barreiro M, Beucler T, Bocquet M, Bretherton CS, Christensen HM, Dagon K, Gagne DJ, Hall D, Hammerling D, Hoyer S, Iglesias-Suarez F, Lopez-Gomez I, McGraw MC, Meehl GA, Molina MJ, Monteleoni C, Mueller J, Pritchard MS, Rolnick D, Runge J, Stier P, Watt-Meyer O, Weigel K, Yu R, Zanna L (2024) Pushing the frontiers in climate modelling and analysis with machine learning. Nat Climate Change 14(9):916–928. https://doi.org/10.1038/s41558-024-02095-y
3. Camps-Valls G, Fernández-Torres M-Á, Cohrs K-H, Höhl A, Castelletti A, Pacal A, Robin C, Martinuzzi F, Papoutsis I, Prapas I, Pérez-Aracil J, Weigel K, Gonzalez-Calabuig M, Reichstein M, Rabel M, Giuliani M, Mahecha

MD, Popescu O-I, Pellicer-Valero OJ, Ouala S, Salcedo-Sanz S, Sippel S, Kondylatos S, Happé T, Williams T (2025) Artificial intelligence for modeling and understanding extreme weather and climate events. Nat Commun 16(1):1919. https://doi.org/10.1038/s41467-025-56573-8

4. Moss RH, Edmonds JA, Hibbard KA, Manning MR, Rose SK, van Vuuren DP, Carter TR, Emori S, Kainuma M, Kram T, Meehl GA, Mitchell JFB, Nakicenovic N, Riahi K, Smith SJ, Stouffer RJ, Thomson AM, Weyant JP, Wilbanks TJ (2010) The next generation of scenarios for climate change research and assessment. Nature 463(7282):747–756. https://doi.org/10.1038/nature08823

5. O'Neill BC, Kriegler E, Riahi K, Ebi KL, Hallegatte S, Carter TR, Mathur R, van Vuuren DP (2014) A new scenario framework for climate change research: the concept of shared socioeconomic pathways. Climatic Change 122(3):387–400. https://doi.org/10.1007/s10584-013-0905-2

6. Walther C, Reusswig F, Thiel S, Pfalzgraf A, Knorr A, Kenneweg H, Weyer G, Keller J, Lass W (2020) Klimaanpassungskonzept für Stadt und Landkreis Bamberg. Potsdam, Berlin

7. van Vuuren DP, Kriegler E, O'Neill BC, Ebi KL, Riahi K, Carter TR, Edmonds J, Hallegatte S, Kram T, Mathur R, Winkler H (2014) A new scenario framework for Climate Change Research: scenario matrix architecture. Climatic Change 122(3):373–386. https://doi.org/10.1007/s10584-013-0906-1

8. IPCC (2021) Climate Change 2021. The Physical Science Basis. Contribution of Working Group I to the Sixth Assessment Report of the Intergovernmental Panel on Climate Change. Cambridge University Press, Cambridge. https://doi.org/10.1017/9781009157896

9. WMO (2025) State of the Global Climate 2024, WMO No. 1368. World Meteorological Organization, Geneva

10. Masson-Delmotte V, Zhai P, Pörtner HO, Roberts D, Skea J, Shukla PR, Pirani A, Moufouma-Okia W, Péan C, Pidcock R, Connors S, Matthews JBR, Chen Y, Zhou X, Gomis MI, Lonnoy E, Maycock T, Tignor M, Waterfield T (2019) IPCC, 2018: Global Warming of 1.5°C. An IPCC Special Report on the impacts of global warming of 1.5°C above pre-industrial levels and related global greenhouse gas emission pathways, in the context of strengthening the global response to the threat of climate change, sustainable development, and efforts to eradicate poverty. Intergovernmental Panel on Climate Change, Geneva

11. Rockström J, Steffen W, Noone K, Persson Å, Chapin FS III, Lambin E, Lenton TM, Scheffer M, Folke C, Schellnhuber H, Nykvist B, Wit CAD, Hughes T, Svd L, Rodhe H, Sörlin S, Snyder PK, Costanza R, Svedin U, Fal-

kenmark M, Karlberg L, Corell RW, Fabry VJ, Hansen J, Walker B, Liverman D, Richardson K, Crutzen P, Foley J (2009) Planetary boundaries: exploring the safe operating space for humanity. Ecology Society 14(2):32

12. IPCC (2019) Climate Change and Land, Summary for Policymakers. IPCC, Geneva

13. von Humboldt A (1845) Kosmos, Entwurf einer physischen Weltbeschreibung, Teil I (Nachdruck: Die Andere Bibliothek, Berlin, 2014). Cotta, Stuttgart

14. Berghaus H (1838–1848) Physikalischer Atlas zu Alexander von Humboldt, Kosmos (Nachdruck: Die Andere Bibliothek, Berlin, 2014). Perthes, Gotha

15. Köppen W (1936) Das geographische System der Klimate. In: Köppen W, Geiger R (Hrsg) Handbuch der Klimatologie, Bd I, Teil C. Gebrüder Borntraeger, Berlin, S C1–C44

16. Holdridge LR (1967) Life Zone Ecology. Tropical Science Center, San Jose, Costa Rica

17. Schönwiese C-D (2024) Klimatologie, 6. Aufl. Ulmer, Stuttgart

18. Zhang Q, Yi C, Destouni G, Wohlfahrt G, Kuzyakov Y, Li R, Kutter E, Chen D, Rietkerk M, Manzoni S, Tian Z, Hendrey G, Fang W, Krakauer N, Hugelius G, Jarsjo J, Han J, Xu S (2024) Water limitation regulates positive feedback of increased ecosystem respiration. Nat Ecol Evol. https://doi.org/10.1038/s41559-024-02501-w

19. Budyko MI (1974) Climate and life. Academic Press, New York

20. Huglin P (1978) Nouveau mode d'évaluation des possibilités héliothermiques d'un milieu viticole. Comptes Rendus de l'Académie d'Agriculture de France 64:1117–1126

21. Bolze A, Lauerer M, Horbach H-D, Hertel E, Kruse J, Feulner M, Stahlmann R, Walentowitz A, Breitfeld M, Aas G (Hrsg) (2024) Flora von Bayreuth und Umgebung. Selbstverlag Naturwissenschaftliche Gesellschaft Bayreuth, Bayreuth

22. Starke-Ottich I, Zizka G (2019) Stadt Natur in Frankfurt. Senckenberg Gesellschaft für Naturforschung, Frankfurt am Main

23. Deutscher Städtetag (2012) Positionspapier Anpassung an den Klimawandel – Empfehlungen und Maßnahmen der Städte. Deutscher Städtetag, Köln

24. Huber V, Breitner-Busch S, He C, Matthies-Wiesler F, Peters A, Schneider A (2024) Hitzeassoziierte Mortalität im Extremsommer 2022. Dtsch Ärztebl Internatl 121(3):79–85. https://doi.org/10.3238/arztebl.m2023.0254

25. Martin GK, Rojas-Rueda D, Fong KC, Jimenez MP, Kinney PL, Canales R, Anenberg SC (2025) A health impact assessment of progress towards urban nature targets in the 96 C40 cities. The Lancet Planetary Health 9(4):e284–e293. https://doi.org/10.1016/S2542-5196(25)00053-1

26. Zepf M (Hrsg) (2015) Grün in der Stadt. jovis, Berlin
27. Gross G, Kuttler W (Hrsg) (2023) Stadklima im Wandel, Promet 106. Deutscher Wetterdienst, Offenbach. https://doi.org/10.5676/DWD_pub/promet_106
28. VDI (2020) Umweltmeteorologie – Stadtentwicklung im Klimawandel (Environmental meteorology – Urban development in view of climate change), VDI 3787 Blatt (Part) 8. Beuth, Berlin
29. Zölch T, Maderspacher J, Wamsler C, Pauleit S (2016) Using green infrastructure for urban climate-proofing: an evaluation of heat mitigation measures at the micro-scale. Urban Forestry Urban Greening 20:305–316. https://doi.org/10.1016/j.ufug.2016.09.011
30. Xu C, Kohler TA, Lenton TM, Svenning J-C, Scheffer M (2020) Future of the human climate niche. Proc Natl Acad Sci 117(21):11350. https://doi.org/10.1073/pnas.1910114117
31. Meadows DH, Meadows DL, Randers J, Behrens WW III (1972) The Limits to Growth. Universe Books, New York
32. Lehmann KK (2002) Mut zum Umdenken, Klare Positionen in schwieriger Zeit. Herder, Freiburg
33. Bundes-Klimaschutzgesetz (2019) Gesetz zur Einführung eines Bundesklimaschutzgesetzes und zur Änderung weiterer Vorschriften. Bundesgesetzbl Teil I 48:2513–2521
34. Ginzky H, Herrmann F, Kartschall K, Leujak W, Lipsius K, Mäder C, Schwermer S, Straube G (2021) Geo-Engineering – wirksamer Klimaschutz oder Größenwahn? Umweltbundesamt, Dessau
35. Lozán J, Graßl H, Breckle S-W, Kasang D, Quante M (Hrsg) (2023) Warnsignal Klima, Hilft Technik gegen die Erderwärmung? Wissenschaftliche Auswertungen, Hamburg
36. Foken T (2025) Bamberg im Klimawandel, 2. Aufl. Books on Demand GmbH, Norderstedt

Anhang

Schlusswort und ergänzende Materialien

Schlusswort

Die Absicht des Buches ist, den Leserinnen und Lesern aufzuzeigen, dass der Klimawandel in Oberfranken schon zu massiven Änderungen von Wetter und damit dem Klima geführt hat, und das mit nicht unbeträchtlichen Auswirkungen. Dies war nur möglich durch eine umfassende Analyse von Messdaten, die unverfälschte Aussagen ermöglicht haben. Da alle die Daten kostenfrei von der Internet-Seite des Deutschen Wetterdienstes (DWD) laden können (www.dwd.de), ist jeder hier angegebene Wert nachvollziehbar. Durch die bereits eingetretenen Veränderungen sind Kipppunkte des Erdklimasystems erreicht worden, sodass bestimmte Wetterereignisse nicht mehr eintreten, andere dafür umso häufiger. Der entscheidende Nachteil ist, dass diese Änderungen unumkehrbar sind. Da auch bei effektivem Klimaschutz in den nächsten 20 bis 30 Jahren das Überschreiten weiterer Kipppunkte erwartet werden muss, wird die Änderung des Erdklimas unvermindert voranschreiten. Das Buch soll aber auch dazu ermutigen, dass mit effektiven Klimaschutz und entsprechenden Klimaanpassungen die Ver-

T. Foken, J. Lüers, *Oberfranken im Klimawandel*,
https://doi.org/10.1007/978-3-662-71651-9

änderungen abgemildert werden können und somit eine lebenswerte Umwelt erhalten bleibt. Es fordert aber auch jede Einzelne und jeden Einzelnen und die Politik auf, den nötigen und sinnvollen Beitrag dazu zu leisten.

Es gibt wohl kaum ein besseres Schlusswort als die dringende Mahnung vom verstorbenen Papst Franziskus: *„Ich lade dringlich zu einem neuen Dialog ein über die Art und Weise, wie wir die Zukunft unseres Planeten gestalten. Wir brauchen ein Gespräch, das uns alle zusammenführt, denn die Herausforderung der Umweltsituation, die wir erleben, und ihre menschlichen Wurzeln interessieren und betreffen uns alle. Die weltweite ökologische Bewegung hat bereits einen langen und ereignisreichen Weg zurückgelegt und zahlreiche Bürgerverbände hervorgebracht, die der Sensibilisierung dienen. Leider pflegen viele Anstrengungen, konkrete Lösungen für die Umweltkrise zu suchen, vergeblich zu sein, nicht allein wegen der Ablehnung der Machthaber, sondern auch wegen der Interessenlosigkeit der anderen. Die Haltungen, welche – selbst unter den Gläubigen – die Lösungswege blockieren, reichen von der Leugnung des Problems bis zur Gleichgültigkeit, zur bequemen Resignation oder zum blinden Vertrauen auf die technischen Lösungen. Wir brauchen eine neue universale Solidarität* [1].“

Um besonnen und zielgerichtet Klimaschutz zu betreiben und die richtigen Anpassungsmaßnahmen zu ergreifen, ist es wichtig, die Wahrheit über den Klimawandel zu erkennen und zu wissen. Die Autoren haben versucht, durch sorgfältige Datenanalyse und die klare Darstellung der physikalisch-chemischen Zusammenhänge dem Leser eine zuverlässige Grundlage zu geben.

Klimareferenzdaten

Datengrundlage sind die Daten des Deutschen Wetterdienstes, außer bei den homogenisierten Messreihen von Bamberg [2] und Bayreuth [3], soweit das nachfolgend angegeben ist. Tab. A.1 und A.2 enthalten die Jahreswerte der Normalreihen 1961–1990 und 1991–2020 der Lufttemperatur und der Niederschlagssumme für alle Stationen. Die weiteren Tab. A.3, A.4, A.5, A.6, A.7, A.8, A.9, A.10, A.11, A.12, A.13, A.14,

A.15, A.16, A.17 und A.18 beschränken sich auf Bamberg, Bayreuth, Hof und Fichtelberg-Hüttstadtl. Die Daten für die anderen Stationen liegen aber beim DWD vor (www.dwd.de).

Tab. A.1 Jahresmittel der Lufttemperatur

Station	Höhe ü. NHN	1961–1990	1991–2020
Bamberg *	240 m	8,0 °C	9,3 °C
Kronach	310 m	7,9 °C	8,8 °C
Lautertal	343 m	8,1 °C	9,1 °C
Ebrach	345 m	7,5 °C	8,6 °C
Bayreuth (ÖBG) **	349 m (365 m ÖBG)	7,3 °C	8,9 °C
Gräfenberg	505 m	7,3 °C	8,8 °C
Hof (Saale)	565 m	6,7 °C	7,7 °C
Teuschnitz	633 m	6,2 °C	7,2 °C
Fichtelberg-Hüttstadl	654 m	5,9 °C	7,0 °C

*Homogenisierte Bamberger Klimareihe [2]
**Die homogenisierte Messreihe von Bayreuth wurde aus der Reihe des Deutschen Wetterdienstes und nach der Stationsverlegung nach Heinersreuth durch die Daten im Ökologisch-Botanischen Garten der Universität Bayreuth (Mikrometeorologie) ergänzt [3]

Tab. A.2 Jahressumme des Niederschlags

Station	Höhe ü. NHN	1961–1990	1991–2020
Bamberg*	240 m	634,0 mm	634,4 mm
Kronach	310 m	791,0 mm	813,3 mm
Lautertal	343 m	745,9 mm	739,0 mm
Ebrach	345 m	804,6 mm	801,9 mm
Bayreuth (ÖBG)**	349 m (365 m ÖBG)	709,7 mm	719,1 mm
Gräfenberg	505 m	890,9 mm	930,4 mm
Hof (Saale)	565 m	742,0 mm	710,8 mm
Teuschnitz	633 m	990,5 mm	1015,2 mm
Fichtelberg-Hüttstadl	654 m	1106,1 mm	1153,2 mm

*Homogenisierte Bamberger Klimareihe [2]
**Die homogenisierte Messreihe von Bayreuth wurde aus der Reihe des Deutschen Wetterdienstes und nach der Stationsverlegung nach Heinersreuth durch die Daten im Ökologisch-Botanischen Garten der Universität Bayreuth (Mikrometeorologie) ergänzt [3]

Tab. A.3 Normalwerte der mittleren Lufttemperatur in °C der homogenisierten Klimareihe von Bamberg [2]

	Jan.	Febr.	März	Apr.	Mai	Jun.	Jul.	Aug.	Sept.	Okt.	Nov.	Dez.	Jahr
1961–1990	-1,54	-0,10	3,36	7,63	12,45	15,72	17,30	16,53	13,02	8,17	3,15	-0,02	7,97
1991–2020	0,42	1,08	4,72	9,24	13,67	17,06	18,83	18,26	13,61	9,00	4,35	1,36	9,30

Tab. A.4 Normalwerte der Niederschlagssumme in mm der homogenisierten Klimareihe von Bamberg [2]

	Jan.	Febr.	März	Apr.	Mai	Jun.	Jul.	Aug.	Sept.	Okt.	Nov.	Dez.	Jahr
1961–1990	44,9	38,5	46,8	47,9	62,3	76,6	60,4	57,8	47,6	44,4	50,3	56,7	634,0
1991–2020	46,8	37,2	43,4	34,8	60,7	61,5	78,8	60,2	55,2	49,5	51,8	53,1	634,4

Tab. A.5 Normalwerte der Sonnenscheindauer in Stunden der homogenisierten Klimareihe von Bamberg [2]

	Jan.	Febr.	März	Apr.	Mai	Jun.	Jul.	Aug.	Sept.	Okt.	Nov.	Dez.	Jahr
1961–1990	41,6	76,5	113,3	155,6	203,6	206,7	217,2	200,3	156,4	106,9	46,9	38,2	1563,3
1991–2020	52,0	79,4	124,2	181,2	209,3	220,6	230,4	218,8	159,2	102,9	48,8	39,4	1666,3

Tab. A.6 Normalwerte der mittleren Lufttemperatur in °C der homogenisierten Klimareihe von Bayreuth (ÖBG) [3]

	Jan.	Febr.	März	Apr.	Mai	Jun.	Jul.	Aug.	Sept.	Okt.	Nov.	Dez.	Jahr
1961–1990	-1,9	-0,6	2,9	6,4	11,5	14,8	16,7	15,6	12,5	7,8	2,9	-0,7	7,3
1991–2020	-0,2	0,5	4,1	8,4	12,8	16,2	18,1	17,4	12,9	8,5	4,0	0,7	8,6

Tab. A.7 Normalwerte der Niederschlagssumme in mm der homogenisierten Klimareihe von Bayreuth (ÖBG) [3]

	Jan.	Febr.	März	Apr.	Mai	Jun.	Jul.	Aug.	Sept.	Okt.	Nov.	Dez.	Jahr
1961–1990	57,9	45,7	53,8	53,4	62,4	76,3	72,5	59,3	50,0	50,9	58,4	69,1	709,7
1991–2020	58,5	43,0	48,6	35,4	61,0	74,7	89,1	67,3	65,3	55,3	55,8	65,0	719,1

Tab. A.8 Normalwerte der Sonnenscheindauer in Stunden in Bayreuth (Heinersreuth)

	Jan.	Febr.	März	Apr.	Mai	Jun.	Jul.	Aug.	Sept.	Okt.	Nov.	Dez.	Jahr
1961–1990	36,6	66,9	104,6	149,1	194,3	199,1	209,9	194,5	152,5	109,1	43,8	31,2	1491,6
1991–2020	47,0	74,6	123,7	186,8	213,4	222,5	236,6	222,7	161,2	108,4	47,9	35,8	1681,7

Tab. A.9 Normalwerte der mittleren Lufttemperatur in °C in Hof, homogenisiert

	Jan.	Febr.	März	Apr.	Mai	Jun.	Jul.	Aug.	Sept.	Okt.	Nov.	Dez.	Jahr
1961–1990	-2,92	-1,91	1,47	5,57	10,55	13,79	15,39	14,92	11,73	7,24	1,90	-1,47	6,36
1991–2020	-1,31	-0,63	2,84	7,56	11,86	15,18	17,15	16,91	12,45	7,76	2,94	-0,31	7,70

Tab. A.10 Normalwerte der Niederschlagssumme in mm in Hof

	Jan.	Febr.	März	Apr.	Mai	Jun.	Jul.	Aug.	Sept.	Okt.	Nov.	Dez.	Jahr
1961–1990	55,5	45,4	49,5	57,2	71,7	77,4	74,0	79,7	53,4	53,5	57,2	67,6	742,0
1991–2020	55,0	46,0	49,3	38,5	58,8	69,5	86,6	75,3	61,4	55,5	54,7	61,7	710,8

Tab. A.11 Normalwerte der Sonnenscheindauer in Stunden in Hof

	Jan.	Febr.	März	Apr.	Mai	Jun.	Jul.	Aug.	Sept.	Okt.	Nov.	Dez.	Jahr
1961–1990	44,8	72,4	112,3	149,2	195,0	198,1	207,7	195,5	156,3	120,7	51,7	38,1	1541,8
1991–2020	46,8	75,1	120,3	178,8	206,1	207,9	221,9	212,6	157,7	105,5	48,9	38,1	1619,8

Tab. A.12 Normalwerte der mittleren Lufttemperatur in °C in Fichtelberg-Hüttstadtl, homogenisiert

	Jan.	Febr.	März	Apr.	Mai	Jun.	Jul.	Aug.	Sept.	Okt.	Nov.	Dez.	Jahr
1961–1990	-3,51	-2,43	0,88	5,00	9,83	13,10	14,74	14,26	11,26	6,78	1,16	-2,15	5,76
1991–2020	-1,83	-1,19	2,21	6,76	11,16	14,52	16,27	15,86	11,60	7,08	2,33	-0,92	6,99

Tab. A.13 Normalwerte der Niederschlagssumme in mm in Fichtelberg-Hüttstadtl

	Jan.	Febr.	März	Apr.	Mai	Jun.	Jul.	Aug.	Sept.	Okt.	Nov.	Dez.	Jahr
1961–1990	105,7	77,1	87,7	77,8	82,0	99,6	96,9	94,5	79,1	83,0	97,1	125,6	1106,1
1991–2020	114,9	89,0	95,8	55,8	84,1	90,6	104,5	94,1	95,4	96,6	102,1	124,0	1153,2

Tab. A.14 Normalwerte der Sonnenscheindauer in Stunden in Fichtelberg-Hüttstadtl

	Jan.	Febr.	März	Apr.	Mai	Jun.	Jul.	Aug.	Sept.	Okt.	Nov.	Dez.	Jahr
1961–1990	38,8	67,2	98,7	143,2	185,8	190,6	200,6	188,5	147,3	112,6	44,5	35,2	1453,1
1991–2020	47,5	73,3	119,1	178,9	206,9	214,3	227,1	216,8	157,3	107,4	50,7	38,6	1637,8

Tab. A.15 Extremwerte der Lufttemperatur für Bamberg 1879–2024

Wertebezeichnung	Wert	Datum
Kältestes Jahr	5,3 °C	1879
Wärmstes Jahr	11,1 °C	2024
Kältester Monat	-12,9 °C	Dezember 1879
Wärmster Monat	22,7 °C	Juli 1994
Minimum der Lufttemperatur	-30,1 °C	10.Februar 1956
Maximum der Lufttemperatur	38,2 °C	25.Juli 2019

Tab. A.16 Extremwerte des Niederschlages für Bamberg 1879–2024

Wertebezeichnung	Wert	Datum
Trockenstes Jahr	402,2 mm	1911
Nassestes Jahr	914,3 mm	1965
Trockenster Monat	0,0 mm	Oktober 1943
Nassester Monat	228,0 mm	August 2010
Höchste Tagessumme	75,3 mm	24.Juni 1975

Tab. A.17 Extremwerte der Lufttemperatur für Bayreuth 1851–2024

Wertebezeichnung	Wert	Datum
Kältestes Jahr	4,9 °C	1864
Wärmstes Jahr	10,4 °C	2024
Kältester Monat	-12,6 °C	Dezember 1879
Wärmster Monat	21,2 °C	Juli 1994
Minimum der Lufttemperatur	-29,6 °C	10.Februar 1956
Maximum der Lufttemperatur	37,1 °C	13.August 2003

Tab. A.18 Extremwerte des Niederschlages für Bayreuth 1851–2024

Wertebezeichnung	Wert	Datum
Trockenstes Jahr	432,3 mm	1964
Nassestes Jahr	1062,0 mm	1866
Trockenster Monat	0,2 mm	Oktober 1943
Nassester Monat	226,9 mm	Juni 1896
Höchste Tagessumme	111,6 mm	15.August 1959

Literatur

1. Franziskus P (2015) Enzyklika LAUDATO SI', Über die Sorge für das gemeinsame Haus. Vatikanische Druckerei, Vatikanstadt
2. Foken T (2021) Bearbeitung der Bamberger Klimareihe 1879–2020. Univ Bayreuth, Abt Mikrometeorologie, Arbeitsergebnisse 57:49. https://doi.org/10.15495/EPub_UBT_00005217
3. Lüers J, Soldner M, Olesch J, Foken T (2014) 160 Jahre Bayreuther Klimazeitreihe, Homogenisierung der Bayreuther Lufttemperatur- und Niederschlagsdaten. Arbeitsergebn, Univ Bayreuth, Abt Mikrometeorol, ISSN 1614-8916 56:52. https://doi.org/10.15495/EPub_UBT_00001758

Glossar

Aerosol Heterogenes Gemisch aus festen oder flüssigen Schwebeteilchen in einem Gas mit Durchmessern von Nanometern bis 10 µm, bei größeren Durchmessern sind es Wolkentropfen.

Ekliptik Scheinbare Bahn der Sonne. In der Ekliptikebene liegen bis auf wenige Grad Abweichung die Sonne und alle Planetenbahnen.

Huglin-Index Wärmesummenindex für die Vegetationsperiode von April bis September oberhalb von 10 °C, der mit dem Anbau bestimmter Rebsorten verbunden ist.

Isothermie Gleiche Temperaturen, hier räumlich horizontal und vertikal.

Jetstream Starkwindbänder in der oberen Troposphäre auf der Nord- und Südhalbkugel.

Lee Windabgewandte Seite eines Gebirges oder einer Stadt, das Gegenteil ist Luv.

Sonnenflecken Dunkle und kühlere Stellen auf der Sonnenoberfläche, entstanden durch Verzerrungen von Magnetfeldern. Sie sind ein Maß der Sonnenaktivität.

Strahlung, kurzwellig Solare Strahlung der Sonne, die die Erdoberfläche erreicht, im ultravioletten, sichtbaren und nahen infraroten Bereich mit Wellenlängen von 0,29 µm bis 3 µm.

Strahlung, langwellig Terrestrische Wärmestrahlung, die von der Erdoberfläche und atmosphärischen Bestandteilen (Treibhausgase, Aerosole, Wolken) emittiert wird mit Wellenlängen von 3 µm bis 100 µm.

Temperaturabnahme mit der Höhe Mit zunehmender Höhe nimmt der Druck ab, die Luft entspannt sich und kühlt sich somit ab. Das Prinzip ist vergleichbar mit dem einer Luftpumpe. Beim Komprimieren wird die Pumpe warm, beim Entspannen kühlt sie sich wieder ab.

Treibhausgase Gasmoleküle mit asymmetrischem Aufbau, die in der Lage sind, langwellige infrarote Wärmestrahlung zu absorbieren und wieder in alle Richtungen zu emittieren. Ursache dafür ist, dass die Frequenz, mit der die Moleküle rotieren oder schwingen, mit der Frequenz der infraroten Strahlung übereinstimmt.

Troposphäre Unterste Schicht der Atmosphäre in der das „Wetter stattfindet" mit einer Höhe in unseren Breiten von etwa 10 km. Die Lufttemperatur nimmt kontinuierlich auf ca. -80 °C ab.

Wärmekapazität Vermögen eines Materials (Wasser, Steine), Energie z. B. aus der Sonnenstrahlung längere Zeit zu speichern und nur langsam an die Umgebung abzugeben. Die Materialkonstanten findet man in einschlägigen Tabellenbüchern.

Zyklone Gebiet tiefen Luftdrucks

Stichwortverzeichnis

A

Accademia des Cimento 57
Aerosol 185
Alberti, Leon Battista 58
Arrhenius, Svante 8

B

Bamberg 49
Bayerisch Sibirien 101
Bayreuther und Kulmbacher Senke 52
Betz, Albert 172

C

Carnot, Nicolas Léonard Sadi 172
Clapeyron, Benoît Paul Émile 10
Clausius, Rudolph 10
Coburg 50
Crowdsourcing 84

D

da Vinci, Leonardo 58
de' Medici, Ferdinand II. 58
de Saussure, Horace Bénédict 58

E

Eisheilige 112
Ekliptik 185
Extremwerte
    Lufttemperatur, Bamberg 183
    Lufttemperatur, Bayreuth 183
    Niederschlag, Bamberg 183
    Niederschlag, Bayreuth 183

F

Fichtelgebirge 54
Fortin, Nicholas 58
Fourier, Jean Baptiste Joseph 7

Frankenalb
  Nördliche 51
Frankenwald 53
Fränkischer Jura 51. *Siehe Frankenalb,*
  Nördliche

G

Galilei, Galileo 57
Gesetz
  von Clausius und Clapeyron 10
Grundwasser 123

H

Hellwig, Christoph von 58
Hochdruckgebiet
  blockierend 17
Hochwasser 126
  Mainhochwasser 2011 127
  Weihnachtshochwasser 2023 130
Hof 53
Hoffmann, E.T.A 47
Hoh, Theodor 61
Homogenisierung 65
Hooke, Robert 59
Huglin-Index 147, 185
Humboldt, Alexander von 1, 47
Hundertjährigen Kalender 58

I

Internationale Meteorologische
  Organisation 61
Inversionswetterlage 75
Isothermie 185
Itz-Baunach-Hügelland 50

J

Jetstream 185

K

Klima
  Bamberg 77
  Bayreuther-Kulmbacher Senke 79
  Bayrisches Vogtland 80
  Biergarten- oder Keller- 36
  Coburg 78
  Definition 2
  empirisch 19
  empirisches, Oberfranken 71
  Fichtelgebirge 81
  Frankenwald 80
  Garten- 43
  Hof 80
  Itz-Baunach-Hügelland 78
  landwirtschaftlicher Flächen 43
  lokales 25, 29
  lokales, messen 29
  Main-Regnitz-Tal 78
  Nördliche Frankenalb 79
  Oberfranken 69
  Park- 34
  Seen- 41
  Spielplatz- 36
  Stadt- 30
  Steigerwald 77
  Steingarten- 40
  Strahlungs- 38
  theoretisch 19
  Wald- 32
  Seen- 41
Klimaabkommen
  von Paris 170

Klimaänderungen
Bamberg 99
Bayreuth 100
Fichtelberg-Hüttstadtl 100
Hof 100
Klimaanpassung 168
Klimadiagramm
Bamberg 3
Bayreuth 3
Klimafaktoren 8
Klimaindex
Universeller Thermischer 28
Klimaklassifikation 3
Klimamodellierung 156
Klimaschutz 168
Klimaschutzgesetz
deutsches 170
Klimaschwankungen
natürliche 5
Klimastationen
Instrumentierung 63
Oberfranken 64
Klimawandel
anthropogen 11
Stadtplanung 165
Veränderung Ökosysteme 162
Wälder 164
Kohlenstoffspeicher 33
Köppen, Wladimir 2
*Kurfürst Karl Theodor von
Bayern* 60

L

Lee 185
Lomonosov, Mikhail Vasilyevich 58
Lufttemperatur 98, 181
Bamberg 180
Bayreuth 180
Extremwerte Sommer 105
Extremwerte, Winter 110
Fichtelberg-Hüttstadtl 182
global 12
Oberfranken 179
Trend 98
Lufttemperaturanstieg 103

M

Main-Regnitz-Tal 49
Maintal
Oberes 52
Messgeräte
meteorologische 57
Milanković, Milutin 6

N

Niederschlag 115
Bamberg 180
Bayreuth 181
Fichtelberg-Hüttstadtl 182
Hof 181
Jahresgang 76
Oberfranken 179
Starkniederschlag 126
Starkniederschlag Bamberg Mai
2024 133
Starkniederschlag Bayreuth 2007
und 2021 131

O

Oberfranken 47
Kipppunkte 160
Ochsenkopf 54, 75
Organisation 60

P

Pathways 157
   Representative Concentration 156
Paul, Jean 47
Phänologie 145
   Oberfranken 70

R

Referenzperiode
   vorindustriell 11
Reichel, Dr. D. 70

S

Schneedecke 135
Schneedeckentage
   Abnahme 136
Schneesicherheit
   Fichtelgebirge 137
Seerauch 42
Societas Meteorologica Palatina 60
Sommertemperaturen 102
Sonnenflecken 6, 185
Sonnenscheindauer 145
   Bamberg 180
   Bayreuth 181
   Fichtelberg-Hüttstadtl 182
   Hof 182
Sonnenstrahlung 9, 26
Spätfrost 146
Stadtklima 30
   Bamberg 82
   Bayreuth 86
Steigerwald 49
Strahlung
   kurzwellig 185
   langwellig 185
Sturm 143

T

Temperatur
   gefühlte 27
   Windchill- 27
Temperaturabnahme
   mit der Höhe 186
Temperaturempfinden 28
Torricelli, Evangelista 58
Treibhauseffekt
   anthropogener 8
   natürlicher 8
Treibhauseffektes 7
Treibhausgase 186
   Kohlenstoffdioxid 13
   Lachgas 13
   Methan 13
Treibhausgasemissionen 158
   BISKO-Verfahren 172
Trockenperioden 120
Tropennacht 85, 107
Troposphäre 186
Tyndall, John 7

V

Verdunstung 119
Vogtland
   Bayrisches 53
Vulkanausbrüche 6

W

Wagner, Richard 47
Wärmeabstrahlung 26
Wärmebelastung 107
Wärmekapazität 186
Wärmestrahlung 9
Wärmestrom
   fühlbarer 10
   latenter 10

Weihnachtstauwetter 143
Weiße Weihnachten 141
Weltorganisation für
    Meteorologie (WMO) 61
Wetterbeobachtungen 59
   Bamberg 61
   Bayreuth 62
   Oberfranken 61

Wintertemperaturen 101
Wintertourismus 140
Wuchsklimatologie 72

Z

Zirkulation
   atmosphärische 17
Zyklone 186